应急救援培训系列丛书

应急救援基础知识

赵正宏　著

中国石化出版社

内 容 提 要

本书为《应急救援培训系列丛书》之一，简明扼要地介绍了应急管理的发展历程，应急管理基础知识、石化应急必备常识，应急管理与应急救援的功能，应急管理体系与应急救援体系建设，应急能力评价与持续改进等内容。

本书内容系统，结构完整，通俗易懂，突出科学性、实用性、可读性，既可为石化企业员工应急救援培训之用，也可供广大企业、政府应急救援工作者学习参考。

图书在版编目(CIP)数据

应急救援基础知识／赵正宏著．—北京：中国石化出版社，2019.2(2024.9重印)
(应急救援培训系列丛书)
ISBN 978-7-5114-4900-9

Ⅰ．①应… Ⅱ．①赵… Ⅲ．①突发事件-救援-基本知识 Ⅳ．①X928.04

中国版本图书馆CIP数据核字(2019)第033069号

中国石化出版社出版发行

地址：北京市东城区安定门外大街58号
邮编：100011　电话：(010)57512500
发行部电话：(010)57512575
http://www.sinopec-press.com
E-mail：press@sinopec.com
北京富泰印刷有限责任公司印刷
全国各地新华书店经销

*

850×1168毫米 32开本 5.5印张 136千字
2019年2月第1版 2024年9月第7次印刷
定价：35.00元

全面强化应急管理　提高防灾减灾救灾能力

序

经过长期努力，中国特色社会主义进入了新时代。树立安全发展理念，弘扬生命至上、安全第一的思想，健全公共安全体系，完善安全生产责任制，坚决遏制重特大安全事故，提升防灾减灾救灾能力，是新时代提高保障和改善民生水平，加强和创新社会治理的重要思想。

站在新的历史起点，中共中央深化党和国家机构改革，组建了中华人民共和国应急管理部，竖起了全面强化应急管理的里程碑。这一重大改革，将有力推动统一指挥、专常兼备、反应灵敏、上下联动、平战结合的中国特色应急管理体制的形成，促进国家应急管理能力，包括安全生产在内的全面防灾减灾救灾能力的迅速提高，有效防范遏制重特大事故的发生，维护人民群众生命财产安全，提高人民群众获得感、幸福感、安全感。

中国应急管理翻开了新的历史篇章！

新时代我国社会主要矛盾是人民日益增长的美好生活需要和不平衡不充分的发展之间的矛盾，必须坚持以人民为中心的发展思想，不断促进人的全面发展。安全生产是关系人民群众生命财产安全的大事，是经济社会协调健康发展的标志，是党和政府对人民利益高度负责的要求。确保人民群众生命财产安全，是以人民为中心的根本前提和重要保障。

当前，我国正处在工业化、城镇化持续推进过程中，生产经营规模不断扩大，传统和新型生产经营方式并存，各类安全风险交织叠加，企业主体责任落实不力等问题依然突出，生产安全事故易发多发，尤其是重特大安全事故频发势头尚未得到有效遏制。企业应急管理还存在诸多问题，如因风险辨识、隐患排查能力不足，应急准备出现“空白点”；应急预案针对性、简捷性、衔接性不足；现代应急装备缺乏，抢大险救大灾能力不足；从业人员应急意识弱、应急知识少、应急技能低；等等。落实企业安全主体责任，提高防灾减灾救灾能力，是当前安全生产工作的重中之重。新中国成立以来第一个以党中央、国务院名义出台的安全生产工作的纲领性文件《中共中央 国务院关于推进安全生产领域改革发展的意见》强调指出，要建立企业全过程安全生产管理制度，做到安全责任、管理、投入、培训和应急救援“五到位”，要开展经常性的应急演练和人员避险自救培训，着力提升现场应急处置能力。国有企业要发挥安全生产工作示范带头作用。

《应急救援培训系列丛书》以安全发展理念和生命至上、安全第一的思想为指引，坚持生命至上、科学救援的原则，紧绕企业应急管理中存在的问题和石化行业特点，系统阐述了应救援管理基础、法律法规、预案编制与演练、应急装备及典型案例处置等知识，突出针对性、实用性，适于应急培训之用，也可供广大安全生产和应急管理人员工作参考。相信，该培训系列丛书对于落实企业主体责任，提高企业防灾减灾救灾能力，遏制重特大事故，会起到积极的现实意义和长远的指导意义。

目　录

CONTENTS

第三章　石化应急基础知识

第四章　应急工作"五要素"

第五章　应急管理体系建设

第六章 应急救援体系建设

第七章 应急能力评价与持续改进

第一章 应急管理概述

第一节 应急管理的产生与发展

一、应急管理从萌芽到初兴

自有人类产生，应急便应运而生，从应急救援到应急管理，经历了数以万年计的漫长历程。

应急救援，顾名思义，简单而言，就是在应付紧急情况下采取的救援行动；具体来讲，就是需要立即采取某些超出正常工作程序的行动，以避免事故发生或减轻事故后果。在生产力极度落后的蛮荒时代，人类的祖先常常要面对突来的地震、暴雨、洪水、大风、雷电、火灾以及野兽袭击等诸多突发紧急情况，在这些紧急情况面前，由于认知的局限，他们在这些大自然的伤害面前，基本无能为力，除了本能的逃跑、躲藏等应急反应，几乎没有任何体现技术含量的应急行动，结果只能处于被动受害的状态，从而付出了惨重的代价，而且经常付出的是生命。

然而，灾难面前，人类从未停止前进的脚步，在一次次伤害面前，在一次次与灾害的抗争过程中，人类对各种灾难的认识不断加深，从征兆、发生到发展、后果都有了越来越清醒的认识，并不断总结积累应对灾难的方法，应急技术的进步，大大促进了应急能力的提高。譬如，远古时代，原始人搭起草屋抵挡大自然的狂风暴雨，学会了制造石器、在自己居住的村落周围开挖沟壕、燃起熊熊篝火抵御野兽的侵袭，这些简单原始的应急方法，是现代应急管理的萌芽，为人类应对各种灾难奠定了非常坚硬的基石，人类的应急认知和技能随着人类生产文明进程的加速而同步加速，从起初的本能反应或简单但自主的应急行动，迅速步入以应急文化为指导，应急技术做支撑，从被动逐步向主动转变的新时代。

首先，抵御自然灾害的能力大大提高。譬如，在长期治水实践中，大禹创新发明了以疏治堵的治水之术，取得了前所未有的成效；李冰父子修建了都江堰，成为对付水患的伟大创举；公元132年，张衡发明的地动仪，用以防震抗震。

其次，抵御人为事故的能力大大提高。随着人类生产从畜牧业向以使用工具从事生产农业、手工业、矿业的转变，简单的工具被越来越复杂、越来越强大的机械所取代，机械的出现，在大大提高生产效率，为人类创造巨大物质财富的同时，也伴生了能对人类造成伤害的各种事故，生产中的应急问题也随之而来，原始的应急技术再也不能满足新形势的应急需要，迫使应急技术不断向前发展。千百年来，我国劳动人民通过生产实践，积累了许多关于防止灾害的知识与经验。从湖北铜绿山出土的古矿冶遗址来看，当时在开采铜矿的作业中就采用了自然通风措施。在我国古代采矿业中，采煤时在井下用大竹杆凿去中节插入煤中进行通风，排除瓦斯气体，预防中毒。公元989年北宋木结构建筑匠师喻皓在建造开宝寺灵感塔时，每建一层都在塔的周围安设帷幕遮挡，既避免施工伤人，又易于操作。据孟元老《东京梦华集》记述，北宋首都汴京的消防组织就相当严密：消防的管理机构不仅有地方政府，而且由军队担负执勤任务；“每坊卷三百步许，有军巡铺一所，铺兵五人”负责值班巡逻，防火又防盗。在“高处砖砌望火楼，楼上有人卓望，下有官屋数间，屯驻军兵百余人。乃有救火家事，谓如大小桶、洒子、麻搭、斧锯、梯子、火叉、火索、铁锚儿之类”；一旦发生火警，由军驰报各有关部门。诸如此类，这些应急技术与方法，已经具有相当的技术水准，并渐成体系，为现代应急管理的产生创造了条件。更为突出的是，在古老的中华民族悠久历史进程中，形成了日渐丰富的应急文化理念。《礼记·中庸》道："凡事预则立，不预则废。"意即凡事预于先，谋于前，做足准备，往往能占据主动，确保事情的成功。否则，事发突然，准备不足，应急行动就会失败。

《诗·豳风·鸱鸮》："迨天之未阴雨，彻彼桑土，绸缪牖户。""未雨绸缪"源出于此，意即尽管天未下雨，也需修补好房屋门窗，以防雨患。时至今日，预防仍是现代应急管理的首要任务。《论语·卫灵公》："工欲善其事，必先利其器。"意即工匠想要使他的工作做好，一定要先让工具锋利。借用在现代应急管理中，就是要想成功应对灾难，必须要有先进的应急装备。这些丰富的应急文化理念，为现代应急管理的发展，提供了无尽的思想源泉。在这些思想光芒的照耀下，人们实践中不断探索、总结和升华，应急救援技术不断丰富，应急管理逐渐兴起。

二、从应急救援到应急管理

应急救援与应急管理，是两个既有联系又有区别的概念。

应急救援，是在应急响应过程中，为消除、减少事故危害，防止事故、事件扩大或恶化，最大限度地降低事故、事件造成的损失或危害而采取的救援措施或行动。

应急管理，是为了预防、控制及消除紧急事件，减少其对人员、财产、生态、社会的伤害和破坏，对突发事件的成因、发展过程及后果进行科学分析，运用现代管理手段和技术方法，从事前、事中、事后对突发事件进行的全过程管理。具体来说，就是以应急救援预案为核心，从机构建设、队伍建设、物资储备、装备配备、人员培训、预案演练、预防预警，到事故的应急救援、恢复重建、预案改进，对各类潜在险情、事故、事件应急救援所进行的全过程管理。

由此可以看出，应急救援，是应急管理的最为重要的环节，应急管理的核心任务，就是要保障应急救援工作的顺利高效实施，从而达到消除、减少事故危害，防止事故扩大或恶化，最大限度地降低事故造成的损失或危害的目的。

从应急救援到应急管理，经历了一个从事中到全程、从传统到现代的巨大转变，是一次质的飞跃。

人类在征服自然，改造自然的过程中，技术不断进步，水平不断提高，创造了越来越多的物质文明与精神文明，但是，人们在享受日益先进的文明的同时，也在不断吞咽着亲手种下的苦果。

从牧业到农业，从农业到手工业，从手工业到现代工业化大生产，随着生产方式的转变，特别是工业革命以来，生产原料、生产工具、生产设备、加工装置日益多样化、大型化、高能化，风险种类不断增多，风险后果不断增量，毒气泄漏、装置爆炸、河海污染、航空灾难，各种前所未有的灾难也接踵而来，造成了重大的人员伤亡、财产损失、生态破坏。虽然，人类在长期的生产实践中，积累了很多的经验、技术和方法，先哲们也创造了诸多先进的应急文化理念，但在相当长的一个时期内，至少在工业革命以前，对于突发事件的应对，基本都是在事情发生之后，再采取相应的行动，即便此前有所准备，也多是物资上的准备，没有对风险进行全面的分析，特别是定量化的分析，没有建立系统完备的应急程序，更不用说进行事前的熟练模拟了，因此，对待突来的灾难，常常是认识不透，没有章法，准备不足，只在事发后采取应急救援行动的传统做法，只能是低效救援，甚至是彻底失败，任凭灾难的蹂躏。无数次的灾难，特别是重特大灾难的惩罚，迫使人们对灾难的应对进行深刻的思索，并最终催生了现代应急管理的诞生。

20世纪中叶，伴随着工业的迅速发展和气象条件的变化，生产事故、自然灾害的发生对生产、生活甚至社会稳定产生了越来越严重的影响，工业发达国家率先开始从单纯的事中应急救援向全程应急管理的转变，在政府、企业的高度重视和支持下，积累了丰富的管理经验和方法，并在此基础上，取得了一系列的理论成果，譬如应急救援预案的编制，应急救援体系的建立，等等。

进入20世纪90年代以后，工业发达国家和一些发展中国家都建立了符合本国特点的应急管理体系，包括建立了国家统一指挥的应急救援协调机构，拥有精良的应急救援装备、充足的应急救援队伍、完善的工作运行机制。应急管理成为工业发达国家维护社会稳定、保障经济发展、提高人民生活质量的重要保障，成为维持国家管理能够正常运行的重要支撑体系之一。例如，美国、欧盟、日本等国家都已经建立了运行良好的应急救援管理体制，包括应急救援法规、管理机构、指挥系统、应急队伍、资源保障和公民知情权等，形成了比较完善的应急管理系统，并且逐渐向建立标准应急管理系统方向发展，使整个应急管理工作更加科学、规范和高效。

涵盖事前、事中、事后的应急管理体系的诞生，开创了人类进入现代应急管理的新纪元。

第二节　应急管理和应急救援的功能及特性

一、应急管理的功能

应急管理的功能具有多重性，概括起来，主要有以下几点：

1. 防范事故于未然

应急管理，是对事故事前、事中、事后的全过程管理。针对危险源、险情采取的事前监控、处置方案等各种应急准备，预防事故的发生，是应急管理的根本内容，也是应急管理的首要功能。

2. 保障应急救援的成功实施

应急救援是化解险情、处置事故的关键举措。针对事故险情、事故发生而采取的应急救援措施是应急管理的核心任务。应急管理规范，如建立起了良好的应急体制与应急机制，建立健全了应急安全法制，就会保障应急机构、队伍、人员、预案、装备等的建立、配备、编制、应用到位，从而保障在突发事故险情、事故之时，按照既定应急预案，及时进行救援抢险。

如果应急管理不到位，就可能不会建立良好的公众应急意识，就可能不会编制出完善的应急救援预案，即便有了完善的应急救援预案，也可能因应急人员没有受到良好的培训、没有进行相应的应急演练，应急救援装备配备不足等原因，使得完善的应急救援只能成为纸上谈兵，要成功进行应急救援自然是不可能的。

应急管理的核心任务与重要目标，就是要通过一系列广泛有序的应急管理工作，保证应急救援工作按预定计划和要求有条不紊地实施，达到消除、控制事故，最终避免、减少人员伤亡和财产损失的目的。因此，科学规范的应急管理，是应急救援成功进行的重要保障。

3. 创造良好的经济效益、生态效益与社会效益

应急管理，通过事前的应急预防与事中的应急救援，避免、减少事故的发生，避免、减少人员伤亡和降低事故损失，避免、减少对环境的污染和对社会的不良影响，从而创造出良好的经济效益、生态效益和社会效益。

二、应急管理的功能特性

应急管理的功能具有明显的自身特性，概括起来，突出表现为七大特性，即不确定性、直接性、间接性、滞后性、隐形性、多效性和长效性。

1. 不确定性

事故的发生时间不可预定，事故所造成的后果也不可量化。同样的事故原因，可以造成轻微的损失，也可能造成巨大的伤亡。应急管理，通过避免、减少事故伤亡和经济损失所带来的效益明显存在，但其具体数值却是不确定的，可能巨大，也可能微小。

2. 直接性

通过应急管理，避免了险情发展成为事故，避免了事故的恶化或扩大，从而避免、减少了人员伤亡和财产的损失，这是应急管理其所创造的经济效益，可以直接通过来体现。

3. 间接性

应急管理不是直接的物质生产活动，它一直伴随着生产活动的进行而进行。应急管理在通过减少事故造成的人员伤亡和财产损失的同时，保障了从业人员的安全和健康，实现了生产的长周期运行，提高了劳动效率，在保障生产经营的顺利进行中，间接地创造出经济效益。

4. 滞后性

应急管理，可以通过成功的事故预防与处置创造直接的经济效益，但是，在许多情况下，往往并不是应急管理一成立机构、组建队伍、配置装备，就立刻能见到经济效益与社会效益，往往要经过一个时期的运行与实施之后，预期的效果才能显现出来。

5. 隐形性

应急管理服务于生产，它所创造的效益大多不是从其本身的功能中体现出来，而更多地隐含在因事故减少而提高了效率的生产经营行为和因事故减少获得了生命和健康的员工群体中。如果没有事故的发生，若仅从表面看，应急管理的组织、人员、装备似乎一无所用，巨大的人力、物力、财力投入，似乎没有创造任何的经济效益和社会效益，就是其具体表现。

6. 多效性

应急管理，不仅能保障人员的生命免受威胁，直接和间接地创造经济效益，而且，还能保护环境，稳定社会，营造和谐，创造良好的社会效益，因此，具有多效性。

7. 长效性

科学、规范的应急管理，会保障应急机构、人员、装备、技术的良好运行，从而，对企业的安全生产提供长期有效的保障。

三、应急救援的功能

应急救援，是在应急响应过程中，为消除、减少事故危害，防止事故扩大或恶化，最大限度地降低事故造成的损失或危害而采取的救援措施或行动。

应急救援是应急管理的重要内容，它的功能更加直接，更加具体，更加直观，其直接功能和间接功能分别如下。

（一）应急救援的直接功能

1. 预防事故的发生

在生产过程中，当设备、装置、工艺出现重大险情之时，及时启动应急预警程序，对险情进行科学、有序、高效地处置，可以将事故有效地消灭在萌芽之中。

2. 减轻事故危害

事故发生后，根据既定的应急救援预案，按照科学规范的响应程序和处置要求，充分运用应急指挥、应急队伍、应急装备等各种应急资源，对事故进行抢险救灾，就会有效控制事故的发展，并最终将事故成功处置，避免事故的扩大与恶化，从而大大减轻事故对人员、财产、环境造成的危害。

3. 避免、减少人员伤亡

在事故险情突发之时，将险情消除，避免事故发生，就可从根本上消除对相关人员生命的威胁，避免出现人员伤亡的情况。

同样，事故发生之后，通过科学及时的应急处置，使得事故得以成功控制，避免事故的恶化或扩大，也会有效避免、减轻相关人员的伤亡。譬如，富含硫化氢的石油天然气高压气井发生井喷，如果及时点火，就会有效避免人员中毒伤亡事故的发生，如果点火不及时，人员伤亡的后果则成必然。2003 年 12 月 23 日，位于重庆市开县境内的罗家 16H 天然气井在起钻过程中发生井喷失控，大量含有高浓度硫化氢的天然气喷出并扩散，因为没有及时点火，结果造成 243 人死亡、2142 人中毒住院治疗、65000 名当地居民被紧急疏散。

4. 减少财产损失

无论从事故险情的应急处置，还是对事故的应急处置，二者都必然造成财产上的损失。但是，事故险情、事故被化解的化解与控制，则可大大减轻事故险情、事故对设备、装置等的损害，大大减少财产损失。

5. 减少对环境的破坏

许多事故发生之后，都会对水源、大气造成污染，如运输甲苯、苯等危险化学品运输车辆翻进河流，发生泄漏，直接就会对水源造成污染。如果运输液氨、液氯、硫化氢等危险化学品的车辆发生泄漏，就会直接对大气造成污染。如果应急救援不及时，就会造成非常严重，甚至不可估量的后果。

6. 保障企业生产的物质基础

任何一起事故，都可能造成人的伤害和物的破坏，轻者人伤物损，重者人死亡、物报废，直接威胁到企业赖以生存发展的物质基础。譬如，飞机坠毁，航空公司就失去了部分赖以生存的物质基础；1997 年 6 月 27 日，北京某化工厂发生特大爆炸事故，造成 9 人死亡，伤 39 人的同时，由于储罐区报废，直接经济损失 1.77 亿元，也让该厂失去了生产经营的物质基础。对此，可以写成下列公式：

$$特大型国企-安全=0$$

如果 6 月 27 日，该厂当班职工闻到泄漏物料异味，特别是在操作室仪表盘有可燃气体报警信号显示之时，立即进行险情的应急处置，那么这场事故完全可以避免！

7. 维护社会稳定

许多事故发生之后，往往会引起局部地区的社会恐慌，甚至引发社会动荡。如危险化学品运输车辆翻进河流，发生泄漏，对水源造成污染，就会造成相应地区的居民产生恐慌，严重者会引发局部地区的社会动荡，造成非常恶劣的社会影响。

（二）应急救援的间接功能

1. 创造巨大的经济效益

通过应急救援，避免、减少了事故造成的人员伤亡或财产损失，就会以较少的投入创造良好的经济效益。因为，无论是对人员的抢救治疗，还是对生产的恢复，都要付出大量的资金，在发生重特大事故之时，如果事故没有得到成功处置，事故损失往往是数目惊人的。

2010 年 4 月 20 日夜间，位于墨西哥湾的“深水地平线”钻井平台发生爆炸并引发大火，事发之后，尽管英国石油公司(BP)连续尝试多种紧急补漏方式，但均以失败告终，大约 36h 后，钻井平台沉入墨西哥湾，11 名工作人员死亡，直至 2010 年 7 月 15 日，英国石油公司宣布，新的控油装置已成功罩住水下漏油点，原油才停止向海洋泄漏。此次漏油事故，不仅造成了大量的人员伤亡，而且造成了巨大的经济损失、持久的环境破坏和社会影响。虽然此次事故救援费用高达 10 亿美元，但事情远非到此结束。2010 年 6 月 16 日，时任美国总统奥巴马在白宫宣布，英国石油公司(BP)将创建一笔 200 亿美元的基金，专门用于赔偿漏油事件的受害者。奥巴马在当天的声明中说，这笔基金的金额不是赔付的上限，而且这笔钱有别于 BP 应支付的环境破坏赔偿费用。

通过预防减少事故、通过救援弱化事故，从而减少人员伤亡和事故经济损失，是应急救援直接创造的经济效益。同时，可以创造间接的经济效益，即保障生产经营正常，顺利达到生产活动的目的，与生产活动共同创造了企业的经济效益。

2. 提高企业的市场竞争力

形象代表着一个企业的市场信誉，关系到企业被消费者认可的程度和速度，是企业的无形资产，影响力不可低估。可想而知，一个安全管理混乱，事故不断，令人望而生畏的企业，怎么会具有良好的市场竞争力？

因此，险情、事故若能及时得到成功处置，不仅使得经济损失大大降低，而且可以使生产迅速得到恢复，避免、弱化对企业可能造成的不良影响，就会大大提高企业的市场竞争力。

2006 年 12 月 21 日，位于四川省达州市宣汉县的清溪 1 井在井深 4285m 钻遇高压气层，井口发生溢流，钻井队立即采取了停钻循环观察、关井求压、点火泄压等措施，并组织国内 30 多名石油化工、地质等相关专业的专家，包括两名中国工程院院士进行应急处置。由于应急救援及时到位，最终井喷被成功处置，未造成任何员伤亡。

没有出现人员的群死群伤，避免了极有可能造成人员伤亡的抢救治疗、事故赔偿等巨额开支。而且，此次很可能演变成重大社会事件的事故被成功处置，展现了该企业良好的应对危机的意识和能力，这必将大大提高企业的美誉度和市场竞争力。

3. 创造良好的社会效益

应急救援能有效避免、减少人员的伤亡和财产损失，能有效保护环境和社会稳定，充分体现了珍爱生命，科学发展，社会和谐的时代理念。如果应急救援工作在全社会得到全面、科学、规范的开展，必将大大减少事故造成的人员伤亡和经济损失，为建设和谐的小康社会创造良好的外部环境和可靠保障，这是一种难以估价的社会效益。

四、应急救援的功能特性

应急救援的功能特性，突出表现为效果的直接性，但是，也具有应急管理相一致的不确定性、间接性、多效性。

1. 直接性

采取应急救援的措施或行动之后，从总体来讲，可以直接得到两种结果，要么成功，要么失败，如果细化，则可以分为成功、基本成功、基本失败、失败等情形。

而在这成功或失败的结果中，是否造成人员的伤亡、设备的损坏、生产的中断等结果也是直接就会得到的。

任何一次应急救援行动，都会直接得到相应的结果，这是应急救援功能与应急管理功能最为不同之处。

2. 不确定性

事故的发生时间不可预定，事故所造成的后果也不可量化。同样的事故原因，可以造成轻微的损失，也可能造成巨大的伤亡。应急救援，通过避免、减少事故伤亡和经济损失所带来的效益明显存在，但其具体数值却是不确定的，可能巨大，也可能微小。

3. 间接性

应急救援，在通过减少事故造成的人员伤亡和财产损失的同时，保障了从业人员的安全和健康，实现了生产的长周期运行，提高了劳动效率，在保障生产经营的顺利进行中，间接地创造出经济效益。

4. 多效性

应急救援，不仅能保障人员的生命免受威胁，直接和间接地创造经济效益，而且，还能保护环境，稳定社会，营造和谐，创造良好的社会效益，因此，具有多效性。

五、应急管理与应急救援的重要性

要消除、减少事故危害，防止事故扩大或恶化，最大限度地降低事故造成的损失或危害，就必须加强应急管理，保证应急救援工作的实施到位。

将险情化解在萌芽，将事故控制于起始，尽可能避免、控制各种突发险情、事故，尽可能减轻事故造成的损失和影响，这是应急管理的终极目标。

没有规范的应急管理，就不会：

——有健全的应急法制、良好的应急体制和应急机制；

——确保应急救援理念的宣传到位；

——确保应急指挥机构的建立到位；

——确保应急队伍的建立到位、培训到位、实战到位；

——确保应急技术得到良好的研究开发；

——确保应急装备的配备到位、使用到位；

——确保应急通信系统的建立与运行；

——确保应急预案的编制到位；

——确保企业、政府应急预案的衔接到位；

——确保事故险情、事故的应急处置到位；

——确保事故的恢复处置到位。

因此，加强应急管理，提高应急救援能力，实现应急管理的目标，是坚持生命至上、安全第一的重要体现，是构建社会主义和谐社会的重要内容，是全面履行政府职能，进一步提高行政能力的重要方面。

第三节　现代应急管理发展趋势

为应对各种突发公共事件，美国、日本、加拿大、俄罗斯等国都建立了比较完备的应急管理体系，这些国家的应急管理模式在国际社会都处于领先地位，其以下经验值得学习和借鉴。

（1）应急救援工作的组织实施必须具有坚实的法律保障；

（2）应急救援指挥应当实行国家集中领导、统一指挥的基本原则；

（3）国家要大幅度地增加应急体系建设的整体投入；

（4）中央和地方政府要确保应急救援在国家政治、经济和社会生活中不可替代的位置；

（5）国家应急体系的管理日趋标准化、国际化；

（6）应急救援的主要基础是全社会总动员。

近年来，党和国家把加强应急管理作为全面落实科学发展观、构建社会主义和谐社会的重要内容，采取了一系列重大举措全面加强和大力推进。2016 年 12 月 9 日，建国以来首个以中共中央、国务院名义印发的《中共中央 国务院关于推进安全生产领域改革发展的意见》明确提出：加强应急管理，完善安全生产应急救援体系。健全应急救援管理体制，提高组织协调能力和现场救援时效。依托公安消防、大型企业、工业园区等应急救援力量，加强危险化学品等应急救援基地和队伍建设，实行区域化应急救援资源共享。建立企业全过程安全生产和职业健康管理制度，做到安全责任、管理、投入、培训和应急救援“五到位”。开展经常性的应急演练和人员避险自救培训，着力提升现场应急处置能力。十九大特别强调：树立安全发展理念，弘扬生命至上、安全第一的思想，健全公共安全体系，完善安全生产责任制，坚决遏制重特大安全事故，提升防灾减灾救灾能力。

安全生产领域认真贯彻落实党中央、国务院的重大决策和部署，以“一案三制”为重点，加强安全生产应急管理和应急救援体系建设、队伍建设、装备建设，努力推进各项工作，取得了新的进展。国家应急管理体系已初步建成。

我国的应急管理工作内容概括起来叫作“一案三制”，管理内容非常全面丰富。

“一案”是指应急预案，就是根据发生和可能发生的突发事件，事先研究制订的应对计划和方案。应急预案包括各级政府总体预案、专项预案和部门预案，以及基层单位的预案和大型活动的单项预案。

“三制”是指应急工作的管理体制、运行机制和法制。

一要建立健全和完善应急预案体系。就是要建立“纵向到底，横向到边”的预案体系。所谓“纵”，就是按垂直管理的要求，从国家到省到市、县、乡镇各级政府和基层单位都要制订应急预案，不可断层；所谓“横”，就是所有种类的突发公共事件都要有部门管，都要制订专项预案和部门预案，不可或缺。相关预案之间要做到互相衔接，逐级细化。预案的层级越低，各项规定就要越明确、越具体，避免出现“上下一般粗”现象，防止照搬照套。

二要建立健全和完善应急管理体制。主要建立健全集中统一、坚强有力的组织指挥机构，发挥我们国家的政治优势和组织优势，形成强大的社会动员体系。建立健全以事发地党委、政府为主，有关部门和相关地区协调配合的领导责任制，建立健全应急处置的专业队伍、专家队伍。必须充分发挥人民解放军、武警和预备役民兵的重要作用。

三要建立健全和完善应急运行机制。主要是要建立健全监测预警机制、信息报告机制、应急决策和协调机制、分级负责和响应机制、公众的沟通与动员机制、资源的配置与征用机制，奖惩机制和城乡社区管理机制等。

四要建立健全和完善应急法制。主要是加强应急管理的法制化建设，把整个应急管理工作建设纳入法制和制度的轨道，按照有关的法律法规来建立健全预案，依法行政，依法实施应急处置工作，要把法治精神贯穿于应急管理工作的全过程。

国内外应急管理的丰硕成果，推动着现代应急管理不断在科学化、高效化的轨道上迈进。从世界范围来看，应急管理正朝着下列趋势迅速发展。

1. 应急管理法制化

应急管理平时要投入大量的人力、物力、财力，战时要动用各方面的力量，协调各方面的资源，没有健全的法律体系作保障，应急救援效率难以提高，应急成功难以保障，应急管理法制化是应急管理的必由之举。

2. 应急流程全程化

彻底打破只注重事中应急的传统模式，全面向着事前、事中、事后全程化应急管理的方向发展，特别是，把预防作为一项重要的工作纳入到应急管理流程中。

3. 应急准备体系化

应急管理依据风险辨识与评估的结果和应急预案的要求，从人、财、物各方面进行系统全面的充分准备与评估，确保准备充分，有备而战，高效救援。准备不足，临时抱佛脚的现象逐步消失。

4. 应急术语标准化

应急管理作为一门新兴学科和一项新兴工作，正逐步向着标准化方向规范自己的专业术语，如突发事件的分类，突发事件的响应等级及其标识色、队伍标识等，都在逐步以法规、标准等形式明确与使用。

5. 应急反应自动化

随着信息化水平的不断提高，应急指挥中心不断使用最新技术，不断完善信息系统功能，提升与各职能部门间的沟通能力，实现信息资源共享，保证应急组织成员单位的快速反应能力。一旦某一指标达到警戒标准，应急处理系统就会自动启动，进入工作状态。

6. 应急指挥平台化

应急指挥需要大量的信息支持，需要调用各种各样的应急资源，要集合丰富的信息，优化决策，充分协调各方资源，必须依托功能丰富、收发迅速、反应高效的应急平台。建设应急指挥平台，是提高救援指挥效率的科学举措。

7. 应急平台信息化

应急平台的建设，既要建设有固定信息组成的各种基础数据库，也要有能及时采集动态信息的信息终端，还要有能为决策提供支持的定量计算，也要有指令下达的快速通道等，所有这些要求，都必须依靠信息化才能完成，因此，应急平台不是装备的整合，而是信息的互联互通。

8. 应急预案实用化

事故是最好的老师，每次救援演练与实战，都会促进应急预案的完善，使之更详细、实用，更接近实际，更具可操作性。

9. 联合行动高效化

实施紧急救援，各职能部门之间的联动至关重要。应急指挥部根据事件的层次和特点，决定各成员单位之间的分工和合作关系，建立高效运作的联动机制，推进救援行动的高效化。

10. 参与救援大众化

在突发事件救援过程中，大众力量起着重要作用，尤其在专业救援力量不足时，大众力量更是防灾减灾，实现自救、互救不可缺少的力量。必须大力提高全社会的防灾减灾的意识，动员全社会的力量进行突发事件的应急救援，不断提高救援的效率。

11. 信息发布透明化

及时、如实、公开发布应急处置相关信息，对于消除不实信息和谣言的传播，维护社会稳定，为应急救援创造良好的内、外部条件，意义重大，信息发布必须做到透明化。

第二章 应急管理基本术语

第一节 通用术语

1. 事故

简言之，事故就是意外的损失或灾祸。具体讲，事故主要指个人或组织在生产、工作等过程中，突然发生违背人们意愿的情况，迫使有目的的活动暂时中断或永久性停止。在生产过程中，事故是指造成人员伤亡、职业病、财产损失或其他损失的意外情形。

2. 事件

简言之，事件就是历史上或社会上发生的不平常的大事情，如政治事件。事故与事件，既有相同点，又有不同点。相同点，即诸多重大事故，因为社会影响广泛，可以发展成为事件。

其不同之处，主要有三点：

(1) 本质属性不同

事故，突出表现为违背人们意愿的突发情况。

而事件，则既包括违背人们意愿的意外情形，如富含硫化氢的天然气井喷事故，导致大量人员伤亡，局部地区产生社会恐慌，此时，事故就上升为事件。

同时，事件也包括符合人们意愿的情形。如中国载人航天飞船的成功发射与回收，这就是一次无比顺利的符合人们意愿的具有重大社会影响的重大事件。此时，就断不能将之称为重大事故。

（2）形成基础条件有差异

事故主要指以一定的机械、设备、介质等为物质基础直接引发意外，如车辆相撞，机器爆炸，油库着火等。

事件，则不一定非要以一定的机械、设备、介质等为基础，一条看不见的信息也照样可能引发一场事件。如2001年中秋节前夕，广西玉林市的一个小卖部，因食品和化学工业药品混放，致使5kg剧毒物氰化钾被当作食品添加剂流入了市场。一时之间，使在当地及周边地区人心惶惶，人们“谈饼色变”，各商家纷纷向月饼厂家退货，整个月饼市场很快疲软下来。这种情况下，一条信息，就引发了一场引发社会恐慌的突发事件。

（3）影响群体与区域不同

事故，其影响范围一般局限在生产、工作单位人员及其所辖区域之内，社会性影响不明显。

事件，则突出表现为社会性影响突出的大事，其影响范畴超出了生产、工作单位人员及其所在区域，影响人员多，影响区域广。

简言之，事故侧重于生产范畴，事件侧重于社会范畴。

正因为事故与事件的上述异同，才有《国家突发公共事件总体应急救援预案》《国家安全生产事故灾难应急救援预案》，而没有统称为事故或事件应急救援预案。

认真理解二者的异同，在实际工作的文字表述中，具有极为重要的作用。如果不能正确区分，就出现“以其昏昏，使人昭昭”的现象。

3. 突发事件

指突然发生，造成或者可能造成严重社会危害，需要采取应急处置措施予以应对的自然灾害、事故灾难、公共卫生事件和社会安全事件。

4. 次生、衍生事件

由某一突发事件所派生或者因处置不当而引发的其他事件。

5. 耦合事件

在同一地区、同一时段内发生的两个以上相互关联的突发事件。

6. 应急行动

对突发险情、事故、事件等采取的紧急应对措施。

7. 应急目标

应急目标，主要有三个：

(1) 预警预防事故

对突发险情、事故、事件进行预警预防。

(2) 控制事故、事件发展，保障生命财产安全

通过有效的应急救援，控制险情、事故、事件恶化或扩大，尽可能地避免、减少人员的伤亡与财产的损失。

(3) 恢复正常状态

通过系统的应急救援，在险情被化解，事故、事件得到控制之后，迅速恢复到正常生产、工作、生活的正常状态。

8. 应急管理

应急管理，是从应急准备、应急响应到应急恢复，对各类潜在险情、事故、事件应急救援所进行的全过程管理。

具体来说，就是以应急救援预案为核心，从机构建设、队伍建设、物资储备、装备配备、人员培训、预案演练、预防预警，到事故的应急救援、恢复重建、预案改进，对各类潜在险情、事故、事件应急救援所进行的全过程管理。

9. 应急救援

在应急响应过程中，为消除、减少事故危害，防止事故、事件扩大或恶化，最大限度地降低事故、事件造成的损失或危害而采取的救援措施或行动。

应急救援，是应急管理最为重要的环节，可以说，应急管理

的核心任务，就是要保障应急救援工作顺利高效地实施，从而达到消除、减少事故危害，防止事故扩大或恶化，最大限度地降低事故造成的损失或危害的目的。

10. 应急对象

应急救援对象是指事发突然，后果严重，不加控制后果将持续恶化，且需专业人员、设备等进行处理的重大险情、事故或事件。

11. 撤离

在应急响应过程中，现场生产作业人员、救援人员因生命安全受到严重威胁而撤出事故现场的行为。

12. 疏散

在应急响应过程中，将生命安全受到威胁的事故现场周边公众转移至安全区域的行为。

13. 危险源

危险，指有遭到损害或失败的可能。

危险源，是指生产系统中可能导致不期望后果发生的设备、装置、工艺、物质、场所、厂房等。

14. 危险有害因素

危险有害因素，即能对人员造成伤亡或影响人的身体健康甚至导致疾病，对物造成突发性损坏或慢性损坏的因素。在生产实践过程中，危险有害因素常统称危险因素。

15. 事故隐患

事故隐患，广义上讲，泛指可能导致各类事故发生的人的不安全行为、物的不安全状态和管理上的缺陷。狭义上讲，是指生产经营单位违反安全生产法律、法规、规章、标准、规程和安全生产管理制度的规定，或者因其他因素在生产经营活动中存在可能导致事故发生的物的危险状态、人的不安全行为和管理上的缺陷。

危险因素与事故隐患是有区别的：如用电设备中的电流(电

能)是危险因素，但不能说是事故隐患，因为只要绝缘材料符合有关标准要求，用电设备就是安全的。只有绝缘损坏后，才能称之为事故隐患。

16. 一般事故隐患

根据2007年12月28日国家安全生产监督管理总局令第16号《安全生产事故隐患排查治理暂行规定》，一般事故隐患，是指危害和整改难度较小，发现后能够立即整改排除的隐患。

17. 重大事故隐患

根据2007年12月28日国家安全生产监督管理总局令第16号《安全生产事故隐患排查治理暂行规定》，重大事故隐患，是指危害和整改难度较大，应当全部或者局部停产停业，并经过一定时间整改治理方能排除的隐患，或者因外部因素影响致使生产经营单位自身难以排除的隐患。

这种定性化的表述，在实际中可操作性不强，为此，危险化学品、煤炭、工贸等行业均制定了情形明确的极具可操作性的重大事故隐患判定标准，增强了判定的可操作性，大大减少了重大事故隐患判定过程中产生的诸多分歧。

18. 风险分析

风险，是指可能发生的危险。

风险分析，就是对风险造成的后果进行分析，具体计算就是风险发生的概率与后果严重性的乘积。

19. 应急预案

针对可能发生的事故，为迅速、有序地开展应急行动而预先制定的行动方案。它从事前、事发、事中、事后的各个进程中，明确谁来做、怎样做、何时做以及用什么资源来做。

20. 综合应急预案

综合应急预案是从总体上阐述处理事故的应急方针、政策，应急组织结构及相关应急职责，应急行动、措施和保障等基本要求和程序，是应对各类事故的综合性文件。综合应急预案也称总体应急预案。

21. 专项应急预案

专项应急预案是针对具体的事故类别、危险源和应急保障而制定的计划或方案，是综合应急预案的组成部分，应按照综合应急预案的程序和要求组织制定，并作为综合应急预案的附件。

专项应急预案应制定明确的救援程序和具体的应急救援措施。专项应急预案也称分预案。

22. 现场处置方案

现场处置方案是针对具体的装置、场所或设施、岗位所制定的应急处置措施。现场处置方案应具体、简单、针对性强。现场处置方案应根据风险评估及危险性控制措施逐一编制，做到事故相关人员应知应会，熟练掌握，并通过应急演练，做到迅速反应、正确处置。

23. 指挥部

为完成某项救援任务而建立的指挥机构。

24. 总指挥部

指依据法律、法规、应急预案等规定和应急处置工作需要，而设立的对各类突发事件实行统一指挥协调的应急指挥机构。

25. 专项指挥部

指依据法律、法规、应急预案等规定和应急处置工作需要，而事先设立的对有关专项突发事件实行统一指挥协调的各专项应急指挥机构。

26. 现场指挥部

由总指挥部(专项指挥部)根据现场应急处置工作需要，而临时设立的在事件现场对有关专项突发事件实行统一指挥协调的现场应急指挥机构。

27. 应急工作机构

指突发事件应急办公室和各专项应急指挥机构的日常办事机构。

28. 报告

向上级反映情况的文书或言论。

29. 请示

请求上级对提出的问题作答复的文书或言论。

30. 指令

总指挥或总指挥部对属下救援组织、队伍下达任务、决定的文书或言论。

31. 监测

指通过各种方式、方法观测收集有关突发事件的信息并进行分析处理、评估预测的过程。

32. 预警

根据监测到的突发事件信息，依据有关法律法规、应急预案中的相关规定，提前发布相应级别的警报，并提出相关应急措施建议。

33. 应急状态

为应对已经发生或者可能发生的突发事件，依据非常态下的有关法律法规和应急预案采取的有关措施和所呈现的状态。

34. 应急预防

从应急管理的角度，为预防事故发生或恶化而做的预防性工作。

应急预防有两层含义，一是预防事故发生；二是假定事故发生，预先拟定要采取的措施，避免事故的恶化或扩大。

具体包括以下 5 种情形：

（1）事先进行危险源辨识和风险分析，通过预测可能发生的事故、事件，事先采取风险控制措施，尽可能地避免事故的发生；

（2）深入实际，进行应急专项检查，查找问题，通过动态监控，预防事故发生；

（3）在出现事故征兆的情况下，及时采取控制措施，消除事故的发生；

（4）假定在事故必然发生的情况下，通过预先采取的预防措施，来有效控制事故的发展，最大限度地减少事故造成的损失，减轻事故造成的后果；

（5）从事前、事中、事后对各类事故的应急准备情况是否满足应急需要进行评估。

35. 应急预案编制策划

为依法编制应急预案，并满足应急预案的针对性、科学性、实用性、可操作性要求，而进行的危险辨识与风险评估、预案对象确定、企业应急资源与应急能力现状评估等前期策划工作。

36. 应急准备

针对可能发生的事故，为迅速、有序地开展应急行动而预先进行的组织、人力、物力、财力等准备，以保障应急救援的成功。

应急准备的目的，就是通过充分的准备，满足事故征兆、事故发生状态下的各种应急救援活动的顺利进行，实现预期的应急救援目标。

应急准备的内容包括：应急组织的建立、应急救援预案的编制、应急物资的配置、应急救援预案培训与演练等。

37. 应急决策

在突发事件发生时，由应急指挥部根据应急预案、专家意见及现场情况而做出的处置措施，其目的和结果是最大限度降低人身伤亡和财产损失。

38. 应急响应

应急响应是在事故险情、事故发生状态下，在对事故情况进行分析评估的基础上，有关组织或人员按照应急救援预案所采取的应急救援行动。

39. 响应分级

针对事故危害程度、影响范围和单位控制事态的能力，将事故分为不同的等级。按照分级负责的原则，明确应急响应级别。

按照事故性质、严重程度、可控性和影响范围等因素，一般分为四级：Ⅰ级(特别重大)、Ⅱ级(重大)、Ⅲ级(较大)和Ⅳ级(一般)。

40. 响应程序

根据事故的大小和发展态势，明确应急指挥、应急行动、资源调配、应急避险、扩大应急等一系列进行事故应急救援行动的运行程序。

41. 应急联动

指在突发事件应急处置过程中，有关部门联合行动，互相支持、密切配合、各司其职、协同作战，全力以赴做好各项应急处置工作的应急工作机制。

42. 扩大应急

指突发事件危害、影响程度、范围有扩大趋势时，为有效控制突发事件发展态势，应急指挥部通过采取进一步有力措施、请求支援等方式，以尽快使受影响地域、领域恢复到正常状态的各种应急处置程序、措施的总称。

43. 应急结束

事故现场得以控制，环境符合有关标准，导致次生、衍生事故的隐患消除后，经事故现场应急指挥机构批准后，现场应急行动结束。

应急结束，只是现场应急行动的结束，整个应急响应过程的结束。应急结束之后，还须经过应急恢复，才能关闭应急响应程序。

44. 应急恢复

在事故得到有效控制后，为使生产、工作、生活和生态环境尽快恢复到正常状态，针对事故造成的设备损坏、厂房破坏、生产中断等后果，采取的设备更新、厂房维修、重新生产等措施。

应急恢复，从理论上讲，一般包括短期应急恢复(如更换阀门、管线)和长期恢复(如厂房重建)两种情形。

在实际工作中，一般情况下，应急恢复是指短期恢复，即在事故得到彻底控制状态下，较短时间内所采取的恢复正常生产的行动，是应急结束前的收尾工作。长期恢复，一般属于应急结束后的灾后重建，特殊情况下，也可将潜在风险高的恢复性行动，一直作为应急恢复工作进行到应急救援结束。

45. 应急能力

以应急救援预案要求为总要求，相应成立的组织机构、专业队伍，配备的相应人员、物资、装备等，满足实际应急救援需要的能力。

46. 应急保障

为保障应急处置的顺利进行而采取的各种保证措施。一般按功能分为：人力、财力、物资、交通运输、医疗卫生、治安维护、人员防护、通讯与信息、公共设施、社会沟通、技术支撑以及其他保障。

47. 应急装备

应急装备，指用于应急管理与应急救援的工具、器材、服装、技术力量等。如消防车辆、气体监测仪器、防化服、隔热服、应急救援专用数据库、GPS(Globle Positioning System，全球卫星定位系统)技术、GIS(Geographical Information System，地理信息系统)技术等各种各样的物资装备与技术装备。

48. 应急物资

应急物资，指用于应急工作的各种物质资料。应急物资有很多种类，如电线、电缆、水泥等工程抢险物资；食品、药品等生活物资；化学中和剂、洗消剂等专用化学品处置物资；泡沫灭火剂、消防沙等消防物资；光缆、通信电缆等通信物资；干电池、充电器等照明物资；编织带、砂石料、绳索等防洪物资。

49. 应急资源

应急救援所需要的组织机构、救援队伍、救援人员、物资装备、专家、信息等人力、物力、信息资源的统称。

50. 个体防护装备

个体防护装备，是从业人员为防御物理、化学、生物等外界因素伤害所穿戴、配备和使用的各种护品的总称。在生产作业场所穿戴、配备和使用的劳动防护用品也称个体防护装备。

51. 应急演练

针对可能发生的事故情景，依据应急预案而模拟开展的应急活动。

52. 事故情景

针对生产经营过程中存在的事故风险而预先设定的事故状况(包括事故发生的时间、地点、特征、波及范围以及变化趋势)。

53. 综合演练

针对应急预案中多项或全部应急响应功能开展的演练活动。

综合演练包括报警、指挥决策、应急响应、现场处置和善后恢复等多个环节，参演人员涉及预案中全部或多个应急组织和人员。

54. 单项演练

针对应急预案中某一项应急响应功能开展的演练活动。

演练形式包括重点区域的应急处置程序、应急设施设备的使用、事故信息处置和从业人员岗位应急职责掌握情况等，参演人员主要是相关程序的实际操作人员。

55. 桌面演练

利用工艺图纸、地图、计算机模拟和视频会议等辅助手段，针对设定的生产安全事故情景，口头推演应急决策及现场处置程序。桌面演练通常在室内完成。

56. 实战演练

选择(或模拟)生产经营活动中的设备、设施、装置或场所，真实展现设定的生产安全事故情景，根据预案程序及所用各类应急器材、装备、物资，实地行动，如实操作，完成真实应急响应的过程。

57. 应急演练评估

围绕应急演练目标和要求，对演练的准备、实施、结束进行全过程、全方位的跟踪考察，查找演练中暴露出的错误、不足和缺失之处，对演练效果作出判定，并举一反三，对有关应急工作提出改进意见和建议。

58. 应急救援形式

应急救援形式，是指开展应急救援的方式、方法。应急救援的形式包括两种，一种是内部力量自救，另一种是外部力量助救。

59. 应急救援体系

应急救援体系，是针对各类可能发生的事故和所有危险源制订综合、专项应急预案和现场应急处置方案，并按照预案要求从机构、队伍、人员、装备等建成的职责明确、周全合理、运行有序、处置高效的应急救援运行体系。

60. 一案三制

“一案”，即应急预案；“三制”，即应急体制、应急机制、应急法制。一案三制，是当前我国应急管理体系的基本框架。

61. 应急平台

应急平台是以现代信息通信技术为支撑，软、硬件相结合的突发公共事件应急保障技术系统，具备日常管理、风险分析、监测监控、预测预警、动态决策、综合协调、应急联动与总结评估等多方面功能，是实施应急预案、实现应急指挥决策的载体。应急平台的核心内容可以简单概括为值守、准备、处置、评价。

第二节 专用术语

一、自然灾害基本术语

1. 特别重大地震灾害

指造成300人以上死亡（含失踪），或者直接经济损失占地震发生地省(区、市)上年国内生产总值1%以上的地震灾害。

当人口较密集地区发生7.0级以上地震，人口密集地区发生6.0级以上地震，初判为特别重大地震灾害。

2. 重大地震灾害

指造成50人以上、300人以下死亡(含失踪)或者造成严重经济损失的地震灾害。

当人口较密集地区发生6.0级以上、7.0级以下地震，人口密集地区发生5.0级以上、6.0级以下地震，初判为重大地震灾害。

3. 较大地震灾害

指造成10人以上、50人以下死亡(含失踪)或者造成较重经济损失的地震灾害。

当人口较密集地区发生5.0级以上、6.0级以下地震，人口密集地区发生4.0级以上、5.0级以下地震，初判为较大地震灾害。

4. 一般地震灾害

指造成10人以下死亡(含失踪)或者造成一定经济损失的地震灾害。

当人口较密集地区发生4.0级以上、5.0级以下地震，初判为一般地震灾害。

5. 特大型地质灾害险情和灾情

受灾害威胁，需搬迁转移人数在1000人以上或潜在可能造成的经济损失1亿元以上的地质灾害险情为特大型地质灾害险情。

因灾死亡30人以上或因灾造成直接经济损失1000万元以上的地质灾害灾情为特大型地质灾害灾情。

6. 大型地质灾害险情和灾情

受灾害威胁，需搬迁转移人数在500人以上、1000人以下，或潜在经济损失5000万元以上、1亿元以下的地质灾害险情为大型地质灾害险情。

因灾死亡10人以上、30人以下，或因灾造成直接经济损失500万元以上、1000万元以下的地质灾害灾情为大型地质灾害灾情。

7. 中型地质灾害险情和灾情

受灾害威胁，需搬迁转移人数在100人以上、500人以下，或潜在经济损失500万元以上、5000万元以下的地质灾害险情为中型地质灾害险情。

因灾死亡3人以上、10人以下，或因灾造成直接经济损失100万元以上、500万元以下的地质灾害灾情为中型地质灾害灾情。

8. 小型地质灾害险情和灾情

受灾害威胁，需搬迁转移人数在100人以下，或潜在经济损失500万元以下的地质灾害险情为小型地质灾害险情。

因灾死亡3人以下，或因灾造成直接经济损失100万元以下的地质灾害灾情为小型地质灾害灾情。

9. 地质灾害易发区

指具备地质灾害发生的地质构造、地形地貌和气候条件，容易发生地质灾害的区域。

10. 地质灾害危险区

已经出现地质灾害迹象，明显可能发生地质灾害且将可能造成人员伤亡和经济损失的区域或者地段。

11. 次生地质灾害

指由地质灾害造成的工程结构、设施和自然环境破坏而引发的灾害，如水灾、爆炸及剧毒和强腐蚀性物质泄漏等。

12. 洪水风险图

融合地理、社会经济信息、洪水特征信息，通过资料调查、洪水计算和成果整理，以地图形式直观反映某一地区发生洪水后可能淹没的范围和水深，用以分析和预评估不同量级洪水可能造成的风险和危害的工具。

13. 一般洪水

洪峰流量或洪量的重现期5~10年一遇的洪水。

14. 较大洪水

洪峰流量或洪量的重现期10~20年一遇的洪水。

15. 大洪水

洪峰流量或洪量的重现期20~50年一遇的洪水。

16. 特大洪水

洪峰流量或洪量的重现期大于50年一遇的洪水。

上述所称的“以上”包括本数，所称的“以下”不包括本数。

二、事故灾难基本术语

1. 特别重大生产安全事故

造成30人以上死亡，或者100人以上重伤(包括急性工业中毒，下同)，或者1亿元以上直接经济损失的事故。

2. 重大生产安全事故

造成10人以上30人以下死亡，或者50人以上100人以下重伤，或者5000万元以上1亿元以下直接经济损失的事故。

3. 较大生产安全事故

造成3人以上10人以下死亡，或者10人以上50人以下重伤，或者1000万元以上5000万元以下直接经济损失的事故。

4. 一般生产安全事故

造成3人以下死亡，或者10人以下重伤，或者1000万元以下直接经济损失的事故。

5. 危险化学品事故

指由一种或数种危险化学品或其能量意外释放造成的人身伤亡、财产损失或环境污染事故。

6. 危险化学品

是指具有毒害、腐蚀、爆炸、燃烧、助燃等性质，对人体、设施、环境具有危害的剧毒化学品和其他化学品。

7. 特别重大环境事件

凡符合下列情形之一的，为特别重大环境事件：

（1）发生30人以上死亡，或100人以上中毒(重伤)；

（2）因环境事件需疏散、转移群众5万人以上，或直接经济损失1000万元以上；

（3）区域生态功能严重丧失或濒危物种生存环境遭到严重污染；

（4）因环境污染使当地正常的经济、社会活动受到严重影响；

（5）利用放射性物质进行人为破坏事件，或1类、2类放射源失控造成大范围严重辐射污染后果；

（6）因环境污染造成重要城市主要水源地取水中断的污染事故；

（7）因危险化学品(含剧毒品)生产和储运中发生泄漏，严重影响人民群众生产、生活的污染事故。

8. 重大环境事件

凡符合下列情形之一的，为重大环境事件：

（1）发生10人以上、30人以下死亡，或50人以上、100人以下中毒(重伤)；

（2）区域生态功能部分丧失或濒危物种生存环境受到污染；

（3）因环境污染使当地经济、社会活动受到较大影响，疏散转移群众1万人以上、5万人以下的；

（4）因环境污染造成重要河流、湖泊、水库及沿海水域大面积污染，或县级以上城镇水源地取水中断的污染事件。

9. 较大环境事件

凡符合下列情形之一的，为较大环境事件：

（1）发生3人以上、10人以下死亡，或中毒(重伤)50人以下；

（2）因环境污染造成跨地级行政区域纠纷，使当地经济、社会活动受到影响。

10. 一般环境事件

凡符合下列情形之一的，为一般环境事件：

（1）发生3人以下死亡；

（2）因环境污染造成跨县级行政区域纠纷，引起一般群体性影响的。

11. 辐射事故分级

指放射源丢失、被盗、失控，或者放射性同位素和射线装置失控导致人员受到意外的异常照射。

12. 特别重大辐射事故

指Ⅰ类、Ⅱ类放射源丢失、被盗、失控造成大范围严重辐射污染后果，或者放射性同位素和射线装置失控导致3人以上急性死亡。

13. 重大辐射事故

指Ⅰ类、Ⅱ类放射源丢失、被盗、失控，或者放射性同位素和射线装置失控导致3人以下急性死亡或者10人以上（含10人）急性重度放射病、局部器官残疾。

14. 较大辐射事故

是指Ⅲ类放射源丢失、被盗、失控，或者放射性同位素和射线装置失控导致10人以下急性重度放射病、局部器官残疾。

15. 一般辐射事故

指Ⅳ类、Ⅴ类放射源丢失、被盗、失控，或者放射性同位素和射线装置失控导致人员受到超过年剂量限值的照射。

上述所称的“以上”包括本数，所称的“以下”不包括本数。

三、公共卫生基本术语

1. 突发重大食物中毒

突发重大食物中毒是指在短时间内突然发生，造成或可能造成员工及社会公众健康严重损害的食物中毒事件。

2. 重大传染病疫情

重大传染病疫情（含鼠疫、霍乱、非典型肺炎、人感染高致病性禽流感、流感、病毒性肝炎、急性出血性结膜炎），是指发生规定的传染病或依法增加的传染病暴发流行的重大疫情。

3. 群体性不明原因疾病

群体性不明原因疾病是指在一定时间内某个相对集中的区域同时或者相继出现临床表现基本相似的患者但原因不明的疾病。

4. 特别重大突发公共卫生事件

有下列情形之一的为特别重大突发公共卫生事件：

（1）肺鼠疫、肺炭疽在大、中城市发生并有扩散趋势，或肺鼠疫、肺炭疽疫情波及2个以上的省份，并有进一步扩散趋势；

（2）发生传染性非典型肺炎、人感染高致病性禽流感病例，并有扩散趋势；

（3）涉及多个省份的群体性不明原因疾病，并有扩散趋势；

（4）发生新传染病或我国尚未发现的传染病发生或传人，并有扩散趋势，或发现我国已消灭的传染病重新流行；

（5）发生烈性病菌株、毒株、致病因子等丢失事件；

（6）周边以及与我国通航的国家和地区发生特大传染病疫情，并出现输入性病例，严重危及我国公共卫生安全的事件；

（7）国务院卫生行政部门认定的其他特别重大突发公共卫生事件。

5. 重大突发公共卫生事件

有下列情形之一的为重大突发公共卫生事件：

（1）在一个县（市）行政区域内，一个平均潜伏期内（6天）发生5例以上肺鼠疫、肺炭疽病例，或者相关联的疫情波及2个以上的县（市）；

（2）发生传染性非典型肺炎、人感染高致病性禽流感疑似病例；

(3) 腺鼠疫发生流行，在一个市(地)行政区域内，一个平均潜伏期内多点连续发病 20 例以上，或流行范围波及 2 个以上市(地)；

(4) 霍乱在一个市(地)行政区域内流行，1 周内发病 30 例以上，或波及 2 个以上市(地)，有扩散趋势；

(5) 乙类、丙类传染病波及 2 个以上县(市)，1 周内发病水平超过前 5 年同期平均发病水平 2 倍以上；

(6) 我国尚未发现的传染病发生或传人，尚未造成扩散；

(7) 发生群体性不明原因疾病，扩散到县(市)以外的地区；

(8) 发生重大医源性感染事件；

(9) 预防接种或群体预防性服药出现人员死亡；

(10) 一次食物中毒人数超过 100 人并出现死亡病例，或出现 10 例以上死亡病例；

(11) 一次发生急性职业中毒 50 人以上，或死亡 5 人以上；

(12) 境内外隐匿运输、邮寄烈性生物病原体、生物毒素造成我境内人员感染或死亡的；

(13) 省级以上人民政府卫生行政部门认定的其他重大突发公共卫生事件。

6. 较大突发公共卫生事件

有下列情形之一的为较大突发公共卫生事件：

(1) 发生肺鼠疫、肺炭疽病例，一个平均潜伏期内病例数未超过 5 例，流行范围在一个县(市)行政区域以内；

(2) 腺鼠疫发生流行，在一个县(市)行政区域内，一个平均潜伏期内连续发病 10 例以上，或波及 2 个以上县(市)；

(3) 霍乱在一个县(市)行政区域内发生，1 周内发病 10~29 例，或波及 2 个以上县(市)，或市(地)级以上城市的市区首次发生；

(4) 一周内在一个县(市)行政区域内，乙、丙类传染病发病水平超过前 5 年同期平均发病水平 1 倍以上；

（5）在一个县（市）行政区域内发现群体性不明原因疾病；

（6）一次食物中毒人数超过 100 人，或出现死亡病例；

（7）预防接种或群体预防性服药出现群体心因性反应或不良反应；

（8）一次发生急性职业中毒 10~49 人，或死亡 4 人以下；

（9）市（地）级以上人民政府卫生行政部门认定的其他较大突发公共卫生事件。

7. 一般突发公共卫生事件

有下列情形之一的为一般突发公共卫生事件（Ⅳ级）：

（1）腺鼠疫在一个县（市）行政区域内发生，一个平均潜伏期内病例数未超过 10 例；

（2）霍乱在一个县（市）行政区域内发生，1 周内发病 9 例以下；

（3）一次食物中毒人数 30~99 人，未出现死亡病例；

（4）一次发生急性职业中毒 9 人以下，未出现死亡病例；

（5）县级以上人民政府卫生行政部门认定的其他一般突发公共卫生事件。

上述所称的“以上”包括本数，所称的“以下”不包括本数。

第三章 石化应急基础知识

第一节 石化生产与安全

随着科学技术的发展和人类文明的进步，无论农业、工业、交通运输、国防、文化教育、体育卫生，还是人们的日常生活，都离不开化学工业为其提供各种各样的化工产品。今天，已为人所知的化工产品已达 500 万~700 万种。化工产品用途之广泛，对国家经济发展和人民日常生活影响之巨大，是其他工业产品无可比拟的。化学工业对国民经济的影响越来越大，成为现代经济发展和人民物质文化生活提高的重要基础。改革开放以来，我国石油和化工行业飞速发展，早在 2010 年，我国石油和化工行业总产值达 8. 88 万亿元，其中化学工业产值达 5. 23 万亿元，按汇率计算已突破 7700 亿美元，超越美国(7340 亿美元)，化工经济总量跃居世界第一。化学品种不断丰富，仅登记在册的化学品就有 4 万多种。2017 年，石油和化工行业规模以上企业 29307 家，主营业务收入 13. 78 万亿元。

在种类繁多的化工产品中，有相当一部分是危险化学品，目前列入危险化学品目录中的超过 2800 种。危险化学品与其他化学品相比，由于其易燃、易爆、有毒等固有危险性，给从事危险化学品的生产、经营、储存、运输、使用和处置等作业人员和一定范围内的其他人员的生命、财产带来了更大的威胁。

当前，以危险化学品生产、加工、使用的危险化学品工业正向着多样化、大型化、连续化、自动化的趋势发展。

（一）化工产品和生产方法的多样化

化工生产所用的原料、半成品、成品种类繁多，绝大部分是易燃、易爆、有毒、腐蚀性危险化学品。而化工生产中一种主要产品可以联产或副产几种其他产品，同时，又需要多种原料和中间体来配套。同一种产品往往可以使用不同的原料和采用不同的方法制得，如苯的主要来源有四个：炼厂副产、石脑油铂重整、裂解制乙烯时的副产以及甲苯经脱烷基制取苯。而用同一种原料采用不同的生产方法，可得到不同的产品，如从化工基本原料乙烯开始，可以生产出多种化工产品。

（二）生产规模的大型化

近20年来，国际上化工生产采用大型生产装置是一个明显趋势。以往，“百万吨/年”级的炼油装置、“数十万吨/年”级的乙烯装置都已堪称巨无霸，现在“千万吨/年”级的炼油装置、“百万吨/年”级的乙烯装置已屡见不鲜。

从安全角度考虑，大型化会带来重大的潜在危险性。

1. 能量大增加了能量外泄的危险性

生产过程温度越高，设备内外压力差越大，对设备强度要求就越高，也就越难以保证。原材料、半成品甚至产品在加工过程中外泄的可能性就会增大。一旦大量外泄，就会在很大范围燃烧爆炸或产生易爆的蒸气云团或毒气云，给人民财产带来巨大的灾难。1984年印度博帕尔发生的异氰酸甲酯泄漏所造成的中毒事故，就是震惊世界的化学灾害事故。

2. 生产相互依赖、相互制约性大增

为了提高经济效益，把各种生产有机地联合起来，一个厂的产品就是另外一个厂的原料，输入输出只是在管道中进行，多数装置直接接合，形成直线连接，不仅规模变大而且更为复杂，装置间的相互作用强了，独立运转成为不可能。直线连接又容易形成许多薄弱环节，使系统变得非常脆弱。

3. 生产弹性减弱

放弃了中间储存设备，使弹性生产能力日益减弱。过去化工生产往往在工序或车间之间，设置一定的储存能力，以调节生产的平衡，大型化必然带来连续化和自动控制操作，不可能也不必要再设置中间储存能力，但也因此导致生产弹性的减弱。

4. 控制集中化和自动控制，使系统复杂化

没有控制的集中和自动化也谈不上大型化。但控制设备和计算机也有一定的故障率，如果是开环控制，人是子系统的一员，人的低可靠性增大了发生事故的可能。

5. 设备要求日益严格

工厂规模大型化以后，对工艺设备的处理能力，材质和工艺参数要求更高。如轻油裂解、蒸气稀释裂解的裂解管壁温要求都在 900℃以上，合成氨、甲醇、尿素的合成压力要求都在 10MPa 以上，高压聚乙烯压缩机出口压力为 350MPa，高速水泵转速达 250r/min，天然气深冷分离在-120～-130℃的条件下进行，这些严酷的生产条件，给设备制造带来极大的难度，同时也增加了潜在危险性的严重程度。

6. 大型化给社会带来威胁

很长一个时期，化工发展规划与城市发展规划都存在不匹配的状态，从而造成大量的城市安全隐患。主要原因是工厂大型化基本上是在原有厂区上逐渐扩建的，大量职工的生活需求又使厂区与居民区越来越近，安全间距不足，一旦发生事故，便会对社会造成巨大影响。为进一步加强专门发展化工产业的化工园区、化工企业聚集的集中区或工业区（以下统称园区）安全管理，降低园区系统安全风险，增强园区安全应急保障能力，提升园区本质安全水平，2012 年，国务院安委会办公室印发《国务院安委会办公室关于进一步加强化工园区安全管理的指导意见》（安委办〔2012〕37 号），要求按照“统一规划、合理布局、严格准入、一体化管理”的原则，做好园区的规划选址和企业布局，严格园区

内化工企业安全准入，加强园区一体化监管，推动园区与社会协调发展；建立“责任明确、管理高效、资源共享、保障有力”的园区安全管理工作机制，将园区内企业之间的相互影响降到最低，强化园区内企业的安全生产管控，夯实安全生产基础，加强应急救援综合能力建设，促进园区安全生产和安全发展。随着国家强制化工企业进园入区政策的强力实施，化工发展规划与城市发展规划不匹配的状况已经得到极大改善。

（三）条件工艺过程的连续化和自动控制

化工生产有间歇操作和连续操作之分，间歇操作的特点是各个操作过程都在一组或一个设备内进行，反应状态随时间而变化，原料的投入和产出都在同一地点，危险性原料和产品都在岗位附近。因此，很难达到稳定生产，操作人员的注意力十分集中，劳动强度也很大，这就容易发生事故。间歇生产方式不可能大型化、连续化和自动控制是大型化的必然结果。

连续操作的特点是各个操作程序都在同一时间内进行，所处理的原料在工艺过程中的任何一点或设备的任何断面上，其物理量或参数(如温度、压力、以及浓度、比热、速度等)在过程的全部时间内，都要按规定要求保持稳定。这样便形成了一个从原料输入、物理或化学处理、形成产品的连续过程，原料不断输入，产品不断输出，使大型化成为可能。

连续大型化的生产很难想象能用人工控制。20 世纪 50 年代中在某些化工生产中使用负反馈的定值控制方式，使工艺过程比较平稳，后来随着工艺技术的发展，逐步进入了集中控制、自动控制和计算机控制，实现了工艺过程控制的自动化，保证了运转条件和产品质量的稳定，同时也提高了生产的安全性。

连续化生产的操作比起间歇操作要简单，特别是各种物理量参数在正常运转的全部时间内是不变的；不像间歇操作不稳定，随时间变化经常出现波动。但连续化生产中外部或内部产生的干扰非常容易侵入系统，影响各种参数发生偏离；由于各子系统的输入输出是连续的，上游的偏离量很容易传递到下游，进而影响系统的稳定。连续化生产装置和设备之间的相互作用非常紧密，输入输出问题也间歇操作复杂，所以必须实现自动控制，才能保持稳定生产。自动控制虽然能增加运转的可靠性，提高产品质量和安全性，但也不是万无一失的。美国石油保险协会曾调查过炼油厂火灾爆炸事故原因，其中因控制系统发生故障而造成的事故即达6.1%，所以，即使采用自动控制手段，也应加强管理，搞好维护，不可掉以轻心。

（四）间歇操作仍是众多化工企业生产的主要方式

间歇操作的特点是所有操作阶段都在同一设备或地点进行。原料和触媒、助剂等加入反应器内，进行加热、冷却、搅拌等操作，使之发生化学反应。经一段时间反应完成后，产品从器内全部或部分卸出，然后再加入新原料周而复始地进行新一轮的操作。

间歇操作适于生产批量较少而品种较多的化工产品，如染料、医药、精细化工等产品，这种生产方式仍是化工生产的重要方式之一。有些集中控制或半自动控制的化工装置也还残留着间歇操作的部分特性。

进行间歇操作时，由于人机接合面过于接近，发生事故很难躲避，岗位环境不良，劳动强度也大。因此，在中小型工厂中，如何改善间歇操作的安全环境和劳动条件，仍是当今化工安全的主攻方向。

（五）生产工艺参数苛刻

采用高温、高压、深冷、真空等工艺，可以提高单机效率和产品收率，缩短产品生产周期，使化工生产获得更大的经济效益。然而，与此同时，也对工艺操作提出更为苛刻的要求，首先，对设备的本质安全可靠性提出了更高的要求，否则，就极易因设备质量问题引发设备安全事故；其次，是要求操作人员必须具备较为全面的操作知识、良好的技术素质和高度的责任心；最后，苛刻的工艺条件要求必须具备良好的安全了防护设施，以防工艺波动、误操作等导致的事故，而对这些苛刻条件下的生产进行防护，无论从软件，还是到硬件都不是一件很容易的事情。而一旦不能做好，就会发生不可估量的事故。

化工安全具有易燃、易爆、易中毒、高温、高压、易腐蚀等特点，与其他行业相比，化工生产潜在的不安全因素更多，危险性和危害性更大，因此安全生产的要求也就更加严格。对化工安全的定位越来越高。

首先，安全是化工生产的前提。由于化工生产中易燃、易爆、有毒、有腐蚀性的物质多，高温、高压设备多，工艺复杂，操作要求严格。如果管理不当或生产中出现失误，就可能发生火灾、爆炸、中毒或灼伤等事故，影响到生产的正常进行，轻则影响到产品的质量、产量和成本，造成生产环境的恶化，重则造成人员伤亡和巨大的经济损失，甚至毁灭整个工厂，危及周围地区。

其次，安全是化工生产的保障。要充分发挥现代化工生产的优势，必须实现安全生产，确保装置长期、连续、安全的运行。

再次，安全是化工生产的关键。化工新产品的开发、新产品的试生产必须解决安全生产问题，否则便不能转化为实际生产过程。

第二节 石化安全基本术语

1. 化学品

各种元素组成的纯净物和混合物，无论是天然的还是人造的。

2. 化学名称

唯一标识一种化学品的名称。这一名称可以是符合国际纯粹与应用化学联合会（IUPAC）或化学文摘社（CAS）命名制度的名称，也可以是一种技术名称。

3. 危险化学品

具有毒害、腐蚀、爆炸、燃烧、助燃等性质，对人体、设施、环境具有危害的剧毒化学品和其他化学品。

4. 危险化学品目录

由国务院安全生产监督管理部门会同国务院工业和信息化、公安、环境保护、卫生、质量监督检验检疫、交通运输、铁路、民用航空、农业主管部门，根据化学品危险特性的鉴别和分类标准确定、公布，并适时调整的纳入危险化学品管理范围的危险化学品清单。

目前，最新版本是由安全监管总局会同工业和信息化部、公安部、环境保护部、交通运输部、农业部、国家卫生计生委、质检总局、铁路局、民航局制定的《危险化学品目录(2015 版)》，共有危险化学品 2828 种(类)。

5. 剧毒化学品

具有剧烈急性毒性危害的化学品，包括人工合成的化学品及其混合物和天然毒素，还包括具有急性毒性易造成公共安全危害的化学品。

剧烈急性毒性判定界限，急性毒性类别 1，即满足下列条件之一：大鼠实验，经口 $LD_{50} \leqslant 5mg/kg$，经皮 $LD_{50} \leqslant 50mg/kg$，吸入(4h) $LC_{50} \leqslant 100mL/m^3$(气体)或 0.5mg/L(蒸气)或 0.05mg/L(尘、雾)。经皮 LD_{50}的实验数据，也可使用兔实验数据。

6. 危险化学品重大危险源

长期地或临时地生产、储存、使用和经营危险化学品，且危险化学品的数量等于或超过临界量的单元。

7. 临界量

某种或某类危险化学品构成重大危险源所规定的最小数量。

8. 单元

涉及危险化学品的生产、储存装置、设施或场所，分为生产单元和储存单元。

9. 生产单元

危险化学品的生产、加工及使用等的装置及设施，当装置及设施之间有切断阀时，以切断阀作为分隔界限划分为独立的单元。

10. 储存单元

用于储存危险化学品的储罐或仓库组成的相对独立的区域，储罐区以罐区隔堤为界限划分为独立的单元，仓库以独立库房为界限划分为独立的单元。

11. 沸腾

沸腾是在一定温度下液体内部和表面同时发生的剧烈汽化现象。

12. 沸点

沸点是液体沸腾时候的温度，也就是液体的饱和蒸气压与外界压强相等时的温度。液体浓度越高，沸点越高。不同液体的沸点是不同的。沸点随外界压力变化而改变，压力低，沸点也低。

13. 熔点

熔点是固体将其物态由固态转变(熔化)为液态的温度。

14. 凝固点

凝固点是液体将其物态由液态转变凝固为固态的温度。

15. 闪点

规定试验条件下施用某种点火源造成液体汽化而着火的最低温度(校正至标准大气压 101.3kPa)。

16. 燃点(着火点)

可燃物质被点燃，在火源移走后，仍能继续燃烧的最低温度，称为该物质的燃点或称着火点。

17. 爆炸极限

可燃物质(可燃气体、蒸气或粉尘)与空气(或氧气)形成的可燃性混合物，在标准测试条件下引起爆炸的浓度极限值，称为爆炸极限。爆炸上限是可燃性混合物能够发生爆炸的最高浓度(Upper Explosion-Level，UEL)。爆炸下限是可燃性混合物能够发生爆炸的最低浓度(Low Explosion-Level，LEL)。

可燃性混合物的爆炸极限范围越宽、爆炸下限越低和爆炸上限越高时，其爆炸危险性越大。这是因为爆炸极限越宽则出现爆炸条件的机会就多；爆炸下限越低则可燃物稍有泄漏就会形成爆炸条件；爆炸上限越高则有少量空气渗入容器，就能与容器内的可燃物混合形成爆炸条件。

混合物的组分不同，爆炸极限也不同。同一混合系，由于初始温度、系统压力、惰性介质含量、混合系存在空间及器壁材质以及点火能量的大小等都能使爆炸极限发生变化。一般规律是：混合物原始温度升高，则爆炸极限范围增大，即下限降低、上限升高。系统压力增大，爆炸极限范围也扩大，这是由于系统压力增高，使分子间距离更为接近，碰撞概率增高，使燃烧反应更易进行。压力降低，则爆炸极限范围缩小；当压力降至一定值时，其上限与下限重合，此时对应的压力称为混合系的临界压力。混合物中所含惰性气体量增加，爆炸极限范围缩小，惰性气体浓度提高到某一数值，混合系就不能爆炸。容器、管子直径越小，则爆炸范围就越小。当管径(火焰通道)小到一定程度时，单位体积火焰所对应的固体冷却表面散出的热量就会大于产生的热量，火焰便会中断熄灭。点火能的强度高、热表面的面积大、点火源与混合物的接触时间不等都会使爆炸极限扩大。

可燃性混合物能够发生爆炸的最低浓度和最高浓度，分别称为爆炸下限和爆炸上限，这两者有时亦称为着火下限和着火上限。在低于爆炸下限时不爆炸也不着火；在高于爆炸上限时不会爆炸，但能燃烧。这是由于前者的可燃物浓度不够，过量空气的冷却作用，阻止了火焰的蔓延；而后者则是空气不足，导致火焰不能蔓延的缘故。当可燃物的浓度大致相当于反应当量浓度时，具有最大的爆炸威力(即根据完全燃烧反应方程式计算的浓度比例）。控制气体浓度是防止爆炸的不可缺少的一环，可以加入惰性气体或其他不易燃的气体来降低浓度。

应当特别注意，可燃性混合物的浓度高于爆炸上限时，虽然不会爆炸，但当它从容器或管道里逸出，重新接触空气时被稀释，仍有进入爆炸极限范围发生爆炸的危险。

18. 爆炸物

爆炸物质(或混合物)是这样一种固态或液态物质(或物质的混合物)，其本身能够通过化学反应产生气体，而产生气体的温度、压力和速度能对周围环境造成破坏。其中也包括发火物质，即使它们不放出气体。

发火物质(或发火混合物)是这样一种物质或物质的混合物，它旨在通过非爆炸自持放热化学反应产生的热、光、声、气体、烟或所有这些的组合来产生效应。

爆炸性物品是含有一种或多种爆炸性物质或混合物的物品。

烟火物品是包含一种或多种发火物质或混合物的物品。

19. 易燃气体

在20℃和101.3kPa标准压力下，与空气有易燃范围的气体。

20. 易燃气溶胶

指气溶胶喷雾罐，系任何不可重新罐装的容器，该容器由金属、玻璃或塑料制成，内装强制压缩、液化或溶解的气体，包含或不包含液体、膏剂或粉末，配有释放装置，可使所装物质喷射出来，形成在气体中悬浮的固态或液态微粒或形成泡沫、膏剂或粉末或处于液态或气态。

21. 氧化性气体

一般通过提供氧气，比空气更能导致或促使其他物质燃烧的任何气体。

22. 压力下气体

高压气体在压力等于或大于200kPa(表压)下装入储器的气

体，或是液化气体或冷冻液化气体。

压力下气体包括压缩气体、液化气体、溶解液体、冷冻液化气体。

23. 易燃液体

闪点不高于93℃的液体。

24. 易燃固体

容易燃烧或通过摩擦可能引燃或助燃的固体。

25. 自反应物质或混合物

即使没有氧(空气)也容易发生激烈放热分解的热不稳定液态或固态物质或者混合物。本定义不包括根据GHS统一分类制度分类为爆炸物、有机过氧化物或氧化物质的物质和混合物。

自反应物质或混合物如果在实验室试验中其组分容易起爆、迅速爆燃或在封闭条件下加热时显示剧烈效应，应视为具有爆炸性质。

26. 自燃液体

即使数量小也能在与空气接触后5min之内引燃的液体。

27. 自燃固体

即使数量小也能在与空气接触后5min之内引燃的固体。

28. 自热物质和混合物

发火液体或固体以外，与空气反应不需要能源供应就能够自己发热的固体或液体物质或混合物；这类物质或混合物与发火液体或固体不同，因为这类物质只有数量很大(公斤级)并经过长时间(几小时或几天)才会燃烧。

29. 遇水放出易燃气体的物质或混合物

通过与水作用，容易具有自燃性或放出危险数量的易燃气体的固态或液态物质或混合物。

30. 氧化性液体

本身未必燃烧，但通常因放出氧气可能引起或促使其他物质燃烧的液体。

31. 氧化性固体

本身未必燃烧，但通常因放出氧气可能引起或促使其他物质燃烧的固体。

32. 有机过氧化物

含有二价—O—O—结构的液态或固态有机物质，可以看作是一个或两个氢原子被有机基替代的过氧化氢衍生物。该术语也包括有机过氧化物配方(混合物)。有机过氧化物是热不稳定物质或混合物，容易放热自加速分解。另外，它们可能具有下列一种或几种性质：易于爆炸分解、迅速燃烧、对撞击或摩擦敏感、与其他物质发生危险反应。

如果有机过氧化物在实验室试验中，在封闭条件下加热时组分容易爆炸、迅速爆燃或表现出剧烈效应，则可认为它具有爆炸性质。

33. 金属腐蚀剂

通过化学作用显著损坏或毁坏金属的物质或混合物。

34. 急性毒性

在单剂量或在24h内多剂量口服或皮肤接触一种物质，或吸入接触4h之后出现的有害效应。

35. 皮肤腐蚀/刺激

皮肤腐蚀是对皮肤造成不可逆损伤；即施用试验物质达到4h后，可观察到表皮和真皮坏死。

腐蚀反应的特征是溃疡、出血、有血的结痂，而且在观察期14天结束时，皮肤、完全脱发区域和结痂处由于漂白而褪色。应考虑通过组织病理学来评估可疑的病变。

皮肤刺激是施用试验物质达到4h后对皮肤造成可逆损伤。

36. 严重眼损伤/眼刺激

严重眼损伤是在眼前部表面施加试验物质之后，对眼部造成在施用21天内并不完全可逆的组织损伤，或严重的视觉物理衰退。

眼刺激是在眼前部表面施加试验物质之后，在眼部产生在施用 21 天内完全可逆的变化。

37. 呼吸或皮肤过敏

呼吸过敏物是吸入后会导致气管超敏反应的物质。皮肤过敏物是皮肤接触后会导致过敏反应的物质。

38. GHS 制度

《全球化学品统一分类和标签制度》(Globally Harmonized System of Classification and Labeling of Chemicals，简称 GHS，又称“紫皮书”)是由联合国于 2003 年出版的指导各国建立统一化学品分类和标签制度的规范性文件，因此也常被称为联合国 GHS。

39. 压缩气体

加压包装时在-50℃时完全是气态的一种气体；包括临界温度为≤-50℃的所有气体。

40. 危险种类

危险种类指物理、健康或环境危险的性质，例如易燃固体、致癌性、口服急性毒性。

41. 危险类别

每个危险种类中的标准划分，如口服急性毒性包括五种危险类别而易燃液体包括四种危险类别。这些危险类别在一个危险种类内比较危险的严重程度，不可将它们视为较为一般的危险类别比较。

42. 危险说明

对某个危险种类或类别的说明，它们说明一种危险产品的危险性质，在情况适合时还说明其危险程度。

43. 标签

关于一种危险产品的一组适当的书面、印刷或图形信息要素，因为与目标部门相关而被选定，它们附于或印刷在一种危险产品的直接容器上或它的外部包装上。

44. 防范说明

一个短语[和(或)象形图]，说明建议采取的措施，以最大限度地减少或防止因接触某种危险物质或因对它存储或搬运不当而产生的不利效应。

45. 信号词

标签上用来标明危险的相对严重程度和提醒读者注意潜在危险的单词。GHS 使用“危险”和“警告”作为信号词。

46. 化工和危险化学品重大事故隐患

根据国家安全监管总局印发的《化工和危险化学品生产经营单位重大生产安全事故隐患判定标准(试行)》，以下情形应当判定为化工和危险化学品生产经营单位重大重大事故隐患：

(1) 危险化学品生产、经营单位主要负责人和安全生产管理人员未依法经考核合格。

(2) 特种作业人员未持证上岗。

(3) 涉及“两重点一重大”的生产装置、储存设施外部安全防护距离不符合国家标准要求。

(4) 涉及重点监管危险化工工艺的装置未实现自动化控制，系统未实现紧急停车功能，装备的自动化控制系统、紧急停车系统未投入使用。

(5) 构成一级、二级重大危险源的危险化学品罐区未实现紧急切断功能；涉及毒性气体、液化气体、剧毒液体的一级、二级重大危险源的危险化学品罐区未配备独立的安全仪表系统。

(6) 全压力式液化烃储罐未按国家标准设置注水措施。

(7) 液化烃、液氨、液氯等易燃易爆、有毒有害液化气体的充装未使用万向管道充装系统。

(8) 光气、氯气等剧毒气体及硫化氢气体管道穿越除厂区(包括化工园区、工业园区)外的公共区域。

(9) 地区架空电力线路穿越生产区且不符合国家标准要求。

(10) 在役化工装置未经正规设计且未进行安全设计诊断。

（11）使用淘汰落后安全技术工艺、设备目录列出的工艺、设备。

（12）涉及可燃和有毒有害气体泄漏的场所未按国家标准设置检测报警装置，爆炸危险场所未按国家标准安装使用防爆电气设备。

（13）控制室或机柜间面向具有火灾、爆炸危险性装置一侧不满足国家标准关于防火防爆的要求。

（14）化工生产装置未按国家标准要求设置双重电源供电，自动化控制系统未设置不间断电源。

（15）安全阀、爆破片等安全附件未正常投用。

（16）未建立与岗位相匹配的全员安全生产责任制或者未制定实施生产安全事故隐患排查治理制度。

（17）未制定操作规程和工艺控制指标。

（18）未按照国家标准制定动火、进入受限空间等特殊作业管理制度，或者制度未有效执行。

（19）新开发的危险化学品生产工艺未经小试、中试、工业化试验直接进行工业化生产；国内首次使用的化工工艺未经过省级人民政府有关部门组织的安全可靠性论证；新建装置未制定试生产方案投料开车；精细化工企业未按规范性文件要求开展反应安全风险评估。

（20）未按国家标准分区分类储存危险化学品，超量、超品种储存危险化学品，相互禁配物质混放混存。

47. 大型化工装置

一般是指按照原建设部《工程设计资质标准》(建市〔2007〕86号)中的《化工石化医药行业建设项目设计规模划分表》确定的大型项目的化工生产装置。

48. 高度危险化工装置

一般指涉及国家重点监管的危险化工工艺的化工生产装置。

49. 危险化学品长输管道

一般是指穿越厂区外公共区域的危险化学品输送管道。

第三节 危险化学品分类

现在我国注册登记的化学品已经超过4万种，而我国重点对纳入危险化学品目录的2800余种化学品进行重点监管。国际上没有危险化学品这一名词，我国危险化学品分类也没有专一的标准，危险化学品分类主要依据两种。

一、依据危险货物管理标准分类

根据GB 6944—2012《危险货物分类和品名编号》、GB 12268—2012《危险货物品名表》进行分类。根据前述标准，按危险货物具有的危险性或最主要的危险性将险货物分为9个类别。第1类、第2类、第4类、第5类和第6类再分成项别。具体如下：

第1类：爆炸品

第1.1项：有整体爆炸危险的物质和物品；

第1.2项：有迸射危险，但无整体爆炸危险的物质和物品；

第1.3项：有燃烧危险并有局部爆炸危险或局部迸射危险或这两种危险都有，但无整体爆炸危险的物质和物品；

第1.4项：不呈现重大危险的物质和物品；

第1.5项：有整体爆炸危险的非常不敏感物质；

第1.6项：无整体爆炸危险的极端不敏感物品。

第2类：气体

第2.1项：易燃气体；

第2.2项：非易燃无毒气体；

第2.3项：毒性气体。

第3类：易燃液体

第4类：易燃固体、易于自燃的物质、遇水放出易燃气体的物质

第4.1项：易燃固体、自反应物质和固态退敏爆炸品；

第4.2项：易于自燃的物质；

第4.3项：遇水放出易燃气体的物质。

第5类：氧化性物质和有机过氧化物

第5.1项：氧化性物质；

第5.2项：有机过氧化物。

第6类：毒性物质和感染性物质

第6.1项：毒性物质；

第6.2项：感染性物质。

第7类：放射性物质

第8类：腐蚀性物质

第9类：杂项危险物质和物品，包括危害环境物质

二、依据GHS制度分类

根据GB 13690—2009《化学品分类和危险性公示 通则》，按照不同的化学品危险特性进行分类。

1. 按理化危险分类

可分为：①爆炸物；②易燃气体；③易燃气溶胶；④氧化性气体；⑤压力下气体；⑥易燃液体；⑦易燃固体；⑧自反应物质或混合物；⑨自燃液体；⑩自燃固体；⑪自热物质和混合物；⑫遇水放出易燃气体的物质或混合物；⑬氧化性液体；⑭氧化性固体；⑮有机过氧化物；⑯金属腐蚀剂。

腐蚀金属的物质或混合物是通过化学作用显著损坏或毁坏金属的物质或混合物。

2. 按健康危险分类

可分为：①急性毒性；②皮肤腐蚀/刺激；③严重眼损伤/

眼刺激；④ 呼吸或皮肤过敏；⑤ 生殖细胞致突变性；⑥ 致癌性；⑦ 生殖毒性；⑧ 特异性靶器官系统毒性——一次接触；⑨ 特异性靶器官系统毒性——反复接触；⑩ 吸入危险。

3. 按环境危险分类

是指危害水生环境的物质。

第四节　危险化学品事故

一、危险化学品的危险性

1. 危险化学品的固有危险性

危险化学品的固有危险性包括理化危险性、健康危险性和环境污染危险性。前面在化学品分类中已有简介，不再赘述。

2. 危险化学品过程危险性

危险化学品的过程危险性可通过化工单元操作的危险性来体现，主要包括加热、冷却、加压操作、负压操作、冷冻、物料输送、熔融、干燥、蒸发与蒸馏等。

（1）加热。加热是促进化学反应和物料蒸发、蒸馏等操作的必要手段。加热的方法一般有直接火加热（烟道气加热）、蒸汽或热水加热、载体加热以及电加热等。温度过高、升温速度过快，都会引起燃烧和爆炸。

（2）冷却。在化工生产中，冷却操作很多。冷却操作时，冷却介质中断会造成积热，系统温度、压力骤增，引起爆炸。

（3）加压操作。凡操作压力超过大气压的都属于加压操作。加压操作易导致泄漏、爆炸等事故。

（4）负压操作。负压操作即低于大气压下的操作。负压操作易吸瘪设备或空气进入设备内部，形成爆炸混合物，易引起爆炸。

（5）物料输送。在工业生产过程中，经常需要将各种原材料、中间体、产品以及副产品和废弃物，由前一个工序输往后一个工序，由一个车间输往另一个车间，或输往储运地点，这些输送过程就是物料输送。系统的堵塞和由流速过快引发的静电引起会起爆炸。

（6）干燥。干燥是利用热能使固体物料中的水分(或溶剂)除去的单元操作。干燥的热源有热空气、过热蒸汽、烟道气和明火等。干燥过程中局部过热会造成物料分解爆炸。在过程中散发出来的易燃易爆气体或粉尘，与明火和高温表面接触，也易燃爆。

（7）蒸发。蒸发是借加热作用使溶液中所含溶剂不断汽化，以提高溶液中溶质的浓度，或使溶质析出的物理过程。溶质在浓缩过程中可能有结晶、沉淀和污垢生成，这些都能导致传热效率的降低，并产生局部过热，促使物料分解、燃烧和爆炸。

（8）蒸馏。蒸馏是借液体混合物各组分挥发度的不同，使其分离为纯组分的操作。蒸馏操作可分为间歇蒸馏和连续蒸馏；按压力分为常压、减压和加压(高压)蒸馏。高压蒸馏易发生燃爆事故。

二、危险化学品事故类型与危害

危险化学品火灾事故，危险化学品爆炸事故，危险化学品中毒和窒息事故，危险化学品灼伤事故，危险化学品泄漏事故，其他危险化学品事故。每类又可分为若干小类，具体分类与各自危害后果如下：

1. 危险化学品火灾事故

易燃、易爆的气体、液体、固体泄漏后，一旦遇到助燃物和点火源就会被点燃引发火灾。

火灾对人的危害方式主要是暴露于热辐射所致的皮肤烧伤。燃烧过程中空气氧量的耗尽和火灾产生的有毒烟气，引起附近人员的中毒和窒息，室内火灾时最为严重。同时，火灾产生的高温会迅速使金属构建应力锐减，失去支撑发生坍塌事故。也会对容器设备进行高温烘烤，造成压力急剧上升而发生物理爆炸。

2. 危险化学品爆炸事故

危险化学品爆炸事故指危险化学品发生化学反应的爆炸事故或液化气体和压缩气体的物理爆炸事故。常见的危险化学品爆炸可分为以下几类：

（1）气体与粉尘爆炸。气体或蒸气云爆炸是由于泄漏的气体或者泄漏出的易燃液体蒸发为蒸气，并与周围大气混合形成可燃混合物，在大气中扩散，形成大面积的可燃气云团，一旦遇到点火源，此云团即发生爆炸。粉尘爆炸发生在可燃固体物质与空气强烈混合时，分散的固体物质呈粉状，其颗粒极细，在点火源存在或在助燃性气体(空气)中搅拌和流动，就可能发生爆炸。粉尘爆炸扬起的粉尘与空气混合的结果是极易发生二次爆炸、三次爆炸等。

（2）沸腾液体扩展蒸气爆炸。沸腾液体扩展蒸气爆炸是指处于过热状态的水、有机液体、液化气体等瞬时汽化而产生的爆炸现象。此种气云被点燃时，极易出现火球，在几秒钟内形成巨大的热辐射强度。它足以使在容器几百米以内的人员皮肤严重烧伤或致死。

（3）物理爆炸。主要是由装置或设备物理变化引起的爆炸，如液化气体、压缩气体超压引起的爆炸。

爆炸的特征是能够产生冲击波。冲击波的作用可因爆炸物质的性质和数量以及蒸气云封闭程度、周边环境而变化。冲击波可造成人员死亡，门窗破坏、厂房倒塌。爆炸还会伴生火灾、泄漏事故，造成事故的恶化升级。

3. 危险化学品中毒和窒息事故

危险化学品中毒和窒息事故主要指因吸入、食入或接触有毒有害化学品或者化学品反应的产物，而导致的人体中毒和窒息。

有毒物质对人的危害程度取决于毒物的性质、毒物的浓度、人员与毒物接触的时间等因素。

4. 危险化学品灼伤事故

危险化学品灼伤事故主要指腐蚀性危险化学品意外地与人体接触，在短时间内即在人体被接触表面发生化学反应，造成明显破坏。腐蚀品包括酸性腐蚀品、碱性腐蚀品和其他腐蚀品。

化学品灼伤与物理灼伤(如火焰烧伤、高温固体或液体烫伤等)不同。物理灼伤的高温会让人体立即感到强烈的疼痛，本能地立即避开。化学品灼伤有一个化学反应过程，开始并不感到疼痛，要经过几分钟、几小时甚至几天才表现出严重的伤害，并且伤害还会不断地加深。因此化学品灼伤比物理灼伤危害更大。

5. 危险化学品泄漏事故

危险化学品泄漏事故主要是指气体或液体危险化学品发生了超过常规允许下的过量泄漏。泄漏事故一旦失控，往往造成重大火灾、爆炸或中毒事故。

危险化学品泄漏首先会引发人员中毒窒息事故。其次，会污染大气、土壤、水体，一旦造成水体污染，处理难度大，处理成本高，影响时间长，会迅速造成非常严重的后果，既能打乱人们的正常生活，也会对水产业和旅游业造成巨大的破坏，因此，常会造成局部的社会动荡。再次，会对人体产生致癌、致畸、致突变的生理影响。

致癌。某些化学物质进入人体后，可引起体内特定器官的细胞无节制地生长，而形成恶性肿瘤，又称癌。目前我国法定的职业性肿瘤有 8 种，如联苯胺所致膀胱癌、苯所致白血病等。

致畸。接触某些化学物质可对未出生的胎儿造成危害，干扰胎儿的正常发育。尤其在怀孕的前 3 个月，心、脑、胳膊和腿等重要器官正在发育，研究表明化学物质可能干扰正常的细胞分裂过程而形成畸形。如麻醉性气体、汞、有机溶剂等，可致胎儿畸形。

致突变。某些化学品对作业人员的遗传基因产生影响，可导致其后代发生异常。实验表明80%～85%的致癌物同时具有致突变性。

6. 辐射事故

具有放射性的危险化学品会发射出一定能量的射线对人体伤害。放射性污染物主要指各种放射性核素，其放射性与化学状态无关。其放射性强度越大，危险性就越大。人体组织在受到射线照射时，能发生电离，如果人体受到过量射线的照射，就会产生不同程度的损伤。

三、危险化学品事故特点

危险化学品事故与其他事故相比具有以下特点：

1. 易发性

由于危险化学品固有的易燃、易爆、腐蚀、毒害等特性，导致危险化学品事故易发。

2. 突发性

危险化学品事故往往是在没有明显先兆的情况下突然发生的，在瞬间或短时间内就会造成重大的人员伤害和财产损失。

3. 严重性

危险化学品事故往往造成重大的人员伤亡和财产损失，特别是有毒气体大量意外泄漏的灾难性中毒事故，以及爆炸品或易燃、易爆气体、液体的灾难性爆炸等事故，事故造成的后果往往非常严重。一个罐体的爆炸会造成整个罐区的连环爆炸，一个罐区的爆炸可能殃及生产装置，进而造成全厂性爆炸。一些化工厂由于生产工艺的连续性，装置布置紧密，会在短时间内发生厂毁人亡的恶性爆炸。危险化学品泄漏进入人体，有的会致癌、致畸、致突变，后果之重令人不寒而栗。

4. 连锁性

许多事故，尤其是特别重大事故发生后，常常诱发出一连串的其他事故接连发生，这种现象叫事故链。事故链中最早发生的起作用的灾害称为原生事故；而由原生事故所诱导出来的灾害则称为次生事故。例如一个油库发生火灾爆炸事故，原生事故是油品泄漏事故，其次生事故是由油品泄漏所导致的火灾、爆炸、人员伤害等事故。

一个事故发生之后，由其可以导生出一系列其他事故，这些事故称为衍生事故。如危险化学品发生火灾爆炸事故，在火灾的扑救过程中，消防废水没有得到有效地收集和控制，导致环境衍生事故的发生。

危险化学品事故经常伴随着次生或衍生事故的发生，如果不加以控制或控制措施不得力，这些次生或衍生事故往往会导致更加严重的后果。危险化学品事故过程是很复杂的，有时候一种事故可由几种致灾因子引起，或者一种致灾因子会同时引起好几种不同的事故灾害。这时，事故类型的确定就要根据起主导作用的致灾因子和其主要表现形式而定。

5. 复杂性

危险化学品事故可以发生在危险化学品生产、经营、储存、运输、使用和废弃处置等过程中，发生机理常常非常复杂，许多火灾、爆炸事故并不是简单的由于泄漏的气体和液体引发的，而往往是由腐蚀或化学反应引起的，事故的原因往往很复杂，并具有相当的隐蔽性。另外，危险化学品事故大多情况下都是多种事故类型并存，如火灾伴随爆炸、泄漏、中毒，泄漏引发火灾、爆炸等，事故情形非常复杂。

6. 持久性

持久性具有两层含意，一是危险化学品中毒的后果，有的在当时并没有明显地表现出来，而是在几个小时甚至几天以后严重起来。二是事故造成的后果往往在长时间内都得不到恢复，具有事故危害的长期性。譬如，人员严重中毒，常常会造成终身难以消除的后果；对环境造成的污染有时极难消除，往往需要几十年的时间进行治理。1976 年意大利赛维索一家化工厂爆炸，爆炸所生成的剧毒化学品二噁英向周围扩散。这次事故使许多人中毒，附件居民被迫迁走，半径1.5km范围内植物被铲除深埋，数公顷的土地均被铲掉几厘米厚的表土层。但是由于二噁英具有致畸和致癌作用，事隔多年后，当地居民的畸形儿出生率大为增加。

7. 社会性

危险化学品事故的后果会对社会稳定造成严重的影响，常常会给受害者、亲历者造成不亚于战争留下的创伤，在很长时间内都难以消除痛苦与恐怖。如重庆开县的井喷事故，造成了243人死亡，许多家庭都因此残缺破碎，生存者可能永远无法抚平心中的创伤。同时，一些危险化学品泄漏事故还可能对子孙后代正常生活造成严重的影响。如1984年12月3日，印度博帕尔农药厂发生甲基异氰酸酯泄漏事故，在短短的几天内死亡2500余人，有20多万人受伤需要治疗。一星期后，每天仍有5人死于这场灾难。半年后的1985年5月还有10人因事故受伤而死亡，据统计本次事故共死亡3500多人。受害者需要治疗，孕妇流产、胎儿畸形、肺功能受损者不计其数。这是世界上最大的一次化工毒气泄漏事故。其死伤损失之惨重，震惊全世界，时至今日，仍令人怵目惊心。

四、石化生产安全事故基本规律

石化生产安全事故总体具有以下基本规律：

1. 火灾、爆炸、中毒事故多且后果严重

根据我国30余年的统计资料说明，化工厂火灾爆炸事故死亡人数占因工死亡总人数的13.8%，占第1位，中毒窒息事故致死人数为总人数的12%，占第2位，其他为高空坠落和触电，分别占3位、4位。

很多化工原料的易燃性、反应性和毒性本身确定了上述事故的频繁发生。反应器、压力容器的爆炸以及燃烧传播速度超过音速时的爆轰，都会造成破坏力极强的冲击波，会造成建筑物倒塌、墙壁崩裂，人员被压伤亡等严重后果。

由于管线破裂或设备损坏，大量易燃气体或液体瞬间泄放，便会迅速蒸发形成蒸气云团，并且与空气混合达到爆炸下限，随风飘移，如果进入居民区遇明火爆炸，其后果是难以想象的。据估计，50t 的易燃气体泄漏，将会造成直径为 700m 的云团，在其覆盖下的居民，将会被爆炸火球或扩散的火焰灼伤，同时，还会因缺氧而窒息致死。

多数化学物品对人体有害，生产中由于设备密封不严，特别是在间歇操作中泄漏的情况很多。容易造成操作人员的急性和慢性中毒。据化工部门统计，因一氧化碳、硫化氢、氮气、氮氧化物、氨、苯、二氧化碳、二氧化硫、光气、氯化钡、氯气、甲烷、氯乙烯、磷、苯酚、砷化物等 16 种物质造成中毒、窒息的死亡人数占中毒死亡总人数的 90%左右。而这些物质在一般化工厂中都是常见的。

化工装置的大型化使大量化学物质处于工艺过程中或储存状态，一些比空气重的液化气体如氨、氯等，在设备或管道破口处扩散，会很快致人中毒，甚至死亡。

2. 正常生产时事故发生多

据统计，正常生产活动时发生事故造成死亡的占因工死亡总数近 70%，而非正常生产活动时仅占 10%左右。

(1) 化工生产中有许多副反应生成，有些机理尚不完全清楚，有些则是在危险边缘——如爆炸极限附近进行生产的，如乙烯制环氧乙烷、甲醇氧化制甲醛等，生产条件稍有波动就会发生严重事故。间歇生产更是如此。

(2) 化工工艺中影响各种参数的干扰因素很多，设定的参数很容易发生偏移，而参数的偏移是事故的根源之一，即使在自动调节的过程中也会产生失调或失控现象，人工调节更易发生事故。

（3）由于人的素质或人机工程设计欠佳，往往会造成误操作，如看错仪表，开错阀门等，特别是现代化的大生产中，人是通过控制台进行操作的，发生误操作的机会更多。

3. 材质和加工缺陷以及腐蚀的严重

化工厂的工艺设备一般都是在严酷的生产条件下运行的。腐蚀介质的作用、振动，压力波造成的疲劳，高低温度影响材质的性质等都是在安全方面应该引起重视的问题。

化工设备的破损与应力腐蚀裂纹有很大关系。设备材质受到制造时的残余应力、运转时拉伸应力的作用，在腐蚀的环境中就会产生裂纹并发展长大，在特定的条件下，如压力波动，严寒天气就会引起脆性破裂，造成巨大的灾难性事故。

制造化工设备时除了选择正确的材料外，还要求正确的加工方法，以焊接为例，如果焊缝不良或未经过热处理则会使焊区附近材料性能劣化，容易产生裂纹使设备破损。

4. 设备故障集中

化工生产常遇到事故多发的情况，给生产带来被动，化工装置中的许多关键设备，特别是高负荷的塔、槽、压力容器、反应釜、经常开闭的阀门等，运转一定时间后，常会出现多发故障或集中发生故障的情况，这是由于设备进入到寿命周期的故障频发阶段。日本在20世纪70年代初期，石油化工、合成氨等工厂事故频繁发生，火灾爆炸恶性事故连续不断，经过3年努力，采取诸多安全措施后才稳定下来。通过分析认为是50、60年代进口的设备已达到设备使用浴盆曲线的故障多发期，由此得出教训，即对待多发事故必须采取预防对策，加强设备检验，充实备品备件，及时更换使用到期的设备。

第五节　石化行业应急管理现状

在化学工业建设的初期，我国就已经开始了化学事故救援抢救工作，不过那时仅仅是以抢救伤员为主。1991 年，上海市颁布了《上海市化学事故应急救援办法》，建立了我国第一个地方性化学事故应急救援体系，并在实际应用中取得了良好的效果，1994 年原化学工业部根据有关法律法规颁布了《化学事故应急救援管理办法》；1995 年成立了“全国氯气泄漏事故工程抢险网”，颁布了《氯气泄漏事故工程抢险管理办法》；1996 年，原化学工业部与国家经贸委联合组建了化学事故应急救援系统，该系统由化学事故应急救援指挥中心、化学事故应急救援指挥中心办公室和 8 个化学事故应急救援抢救中心等组成；2006 年国家安全生产应急救援指挥中心挂牌成立，石油化工应急救援迈入加速发展的快车道，石油化工应急救援从法制、组织机构、救援队伍、装备设施、应急预案、培训演练等方面都取得了长足进展。主要有以下几点。

（一）应急法制体系建设取得显著进步

近些年来，先后出台了《国家突发事件应对法》，该法的颁布实施，为石油化工应急救援确立了根本大法；修订了《安全生产法》《消防法》，颁布了《特种设备安全法》等相关法律；出台(修订)了《危险化学品安全管理条例》《易制毒化学品管理条例》《生产安全事故报告和调查处理条例》等一系列法规，国务院印发了《国务院关于进一步加强企业生产安全事故应急处置工作的通知》(安委〔2013〕8 号)、《国务院关于进一步加强企业安全生产工作的决定》(国发〔2010〕23 号)、《国务院安委会办公室关于贯彻落实国务院〈通知〉精神，进一步加强安全生产应急救援体系建设的实施意见》(安委办〔2010〕25 号)等一系列规范性文件；国家安监、国有资产等管理部门出台了《应急预案管理办法》《中央企业应急管理暂行办法》等一系列部门规章；《生产经营单位生产安全事故应急预案编制导则》(GB/T 29639—2013)、《危险化学品单位应急救援物资配备要求》(GB 30077—2013)、《危险化学品事故应急救援指挥导则》(AQ/T 3052—2015）、《危险化学品重大危险源辨识》(GB 18218—2009)、《水体污染防控紧急措施设计导则》(中石化建标〔2006〕43 号)等一系列国标、行标、企标也不断发布实施。上述法律、法规、规章、标准等的出台，有力促进了石化应急救援的法制化、标准化、规范化。

(二)组织机构不断完善

政府层面，国务院不断强化应急管理机构建设，如国务院成立应急办，国资委、原国家安监总局、民政部等国家部(委、局)也相应内设了应急管理机构，国家安全生产应急救援指挥中心履行全国安全生产应急管理和应急救援综合监督管理的行政职能，2018 年中共中央深化党和国家机构改革，组建了应急管理部，应急管理机构得到空前加强，对各种应急力量进行大整合。各省(市、自治区)全部成立了安全生产应急管理机构。应急管理机构正在不断形成网络并向纵向延伸。随着国家层面应急管理改革完成，各省(市、自治区)也将进行相应的改革，应急管理将逐级得到强化。企业层面，2013 年 2 月 28 日，《中央企业应急管理暂行办法》(国务院国有资产监督管理委员会令 31 号)发布，第十一条规定：“中央企业应当建立健全应急管理组织体系，明确本企业应急管理的综合协调部门和各类突发事件分管部门的职责。”对应急管理机构和人员要求，应当按照有关规定，成立应急领导机构，设置或明确应急管理综合协调部门和专项突发事件应急管理分管部门，配置专(兼)职应急管理人员，其任职资格和配备数量，应符合国家和行业的有关规定；国家和行业没有明确规定的，应根据本企业的生产经营内容和性质、管理范围、管理跨度等，配备专(兼)职应急管理人员。对应急管理工作领导机构要求，要成立应急管理领导小组，负责统一领导本企业的应急管理工作，研究决策应急管理重大问题和突发事件应对办法。领导机构主要负责人应当由企业主要负责人担任，并明确一位企业负责人具体分管领导机构的日常工作。领导机构应当建立工作制度和例会制度。对应急管理综合协调部门要求，负责组织企业应急体系建设，组织编制企业总体应急预案，组织协调分管部门开展应急管理日常工作。在跨界突发事件应急状态下，负责综合协调企业内部资源、对外联络沟通等工作。对应急管理分管部门要求，负责专项应急预案的编制、评估、备案、培训和演练，负责专项突发事件应急管理的日常工作，分管专项突发事件的应急处置。

（三）应急救援队伍基本形成体系

依托大型石化、石油企业建设国家（区域）危险化学品和油气田应急救援队，由国家与企业共同出资建设，配备精兵强将、高精尖装备，承担起重大事故灾难救援的任务，是我国危险化学品应急救援的主力军。各省（区、市）要根据本地实际，依托有关石化企业的应急救援队，建设本地区危险化学品应急救援骨干队伍。危险化学品企业较多的市（地、州）、县（区、市）、乡（镇）和其他小型危险化学品企业集中的地区和化工园区，建立专业危险化学品应急救援队；企业自主建设的专、兼职危险化学品应急救援队伍。以及原属公安部管理现转由应急管理部管理的消防队伍中的特勤队。在辖区有化工企业、化工园区的消防总队、支队、大队等普遍进行了特勤队建设，承担着危险化学品事故的救援任务。

（四）应急预案形成纵横相连成为体系

首先，国家、省市等各级政府层面编制了生产安全事故综合预案、专项预案；其次，各大型企业、集团各管理层级编制了生产安全事故综合预案、专项预案；再次，基层企业编制了生产安全事故专项预案直至岗位应急处置卡。这些预案相互关联，形成了一个纵横相连的应急预案体系。

虽然，我国石化应急管理近些年来取得了长足的进步，但是，还存在很多问题。主要包括以下几个方面：

（1）认识不到位，“被动应急”现象严重。有的政府领导层对应急工作认识不够，没有将应急工作真正纳入重要的议事日程，有的企业领导将应急工作等同于传统安全工作的事故处理，没有真正了解现代应急工作对事故的过程控制和系统化管理。被动应会，使得事件不断扩大升级，造成了不应有的严重后果。

（2）应急法制体系很不完整，特别是有关标准严重不足，与国外相比有较大差距。

（3）应急指挥体制、机制不健全。由于多头指挥、交叉指挥而经常出现救援现场打乱仗、救援评估不到位的现象。

（4）应急救援队伍建设参差不齐，人员文化素质、专业技术技能和装备配备水平均有欠缺，思想不稳定，作风不过硬，业务不熟悉，技术水平低，造成打大仗、打恶仗的能力不足，与科学救援、高效救援的要求尚有较大差距。

（5）预案缺乏针对性、实用性、可操作性。有的预案不规范、不完整、过于原则化，可操作性不强；有的预案没有形成体系，上下脱节、不对应；有的企业预案与政府和部门预案不衔接；还有些地方、部门和单位没有认真对预案进行宣传和演练，有关人员对预案内容不熟悉，对预案也未检验，存在较大的盲目性，且也没有对预案进行及时修改。

（6）应急培训的系统性、层次性、专业性、实战性有待提高，部分企业一线作业人员缺乏应急意识和先期处置技能，自救互救能力有待进一步提高。

（7）应急演练走形式。对预案没有进行有针对性的实际演练，演练如演戏，预案的效果很难保证，即使预案策划十分周密、细致，也只能是纸上谈兵。

（8）信息化水平低，应急反应慢，效率低。除个别行业外，整体安全生产应急管理信息化水平不高，现代化信息系统没有建立起来，指挥决策效率低下。

（9）应急投入不足，装备水平落后甚至严重缺位。企业和一些地方、部门的应急投入仍很不足，应急救援队伍装备不足、装备落后、维护不足的问题仍很突出，远远不能满足当前应急工作的实际需要。

生命无价，安全为天。加强应急管理，提高救援能力，是民心所愿，民情所需，国情所需，发展所需。必须大力弘扬生命至上、安全第一的思想，坚持生命至上、科学救援的原则，全面加强应急管理，大力提高救援能力，高效应对各类突发事故灾难，才能切实人民群众生命财产安全，促进经济社会安全发展，健康发展，为和谐社会的构建、现代化强国的实现和人民对美好生活的向往提供强有力的保障。

第四章 应急工作“五要素”

当前，我国的应急工作应该说刚刚起步，但是呈现加速发展的态势。只有科学的理论，才有科学的实践。刚刚起步、加速发展的应急工作必须由科学的理论方法作指导，才会忙而不乱，有序发展，科学发展，高效发展。应急文化、应急法制、应急责任、应急科技、应急投入这“五要素”，既是集纳国内外先进经验与成果，并符合当前中国实际的一种新理论，更是一种具有良好可操作性的方法，对应急管理工作具有重要的指导意义。应急工作“五要素”各自的特征如下。

1. 应急文化——应急工作的灵魂

文化就是灵魂，文化就是方向。先进的应急文化，具有良好的规范功能、导向功能，能有效促进公众树立良好的应急意识，指引各项应急工作科学、规范地，保障应急法治、应急责任、应急科技、应急投入 4 个要素不断迈向更高的水平，这 4 个要素的健康发展，又会反过来促进应急文化的丰富与发展。

2. 应急法制——应急管理的利器

没有规矩，不成方圆。加强应急法制，是当前我国采取“一案三制”应急管理模式的工作需要，是当前我国应急法制不健全，法治化管理薄弱的迫切需求，也是实现应急目标的必需手段。健全的法制，是“合同”，让应急职责得到明确；是“利剑”，让应急责任制得到落实；是“尺子”，让应急投入从法律、制度上得到可量化的保障；是“航标”，让应急科技在法制化管理的轨道上健康发展。应急法制是实现应急救援目标的有力武器。

3. 应急责任——应急管理的核心

隐患险于明火，责任重于泰山。具备良好的责任意识，才能主动开展应急工作；具备良好的责任能力，才能做好应急管理工作。没以良好的应急责任意识和责任能力，应急工作就得不到落实，就难以实现既定的应急工作目标。良好的责任意识与责任能力，是抓好应急管理的根本保障。

4. 应急科技——应急救援的保障

科技是第一生产力。世上不会有两起同样的事故。事故可以有同样的起因，但其表现的形态、发展的轨迹、造成的后果，永不会相同。事故的这种不重复性，决定了事故的应急救援具有非同寻常的复杂性、艰巨性。诸多爆炸、火灾、污染、中毒等重特大事故，成因复杂，发展过程复杂，处理过程更为复杂，离开了先进的应急技术、应急装备作保障，要成功进行应急救援是不可能的。保证应急救援的成功，是应急工作的核心任务。要保证应急救援的成功，离不开先进的应急装备、技术的支持。因此，科技在应急工作中具有至关重要的保障作用。

5. 应急投入——应急工作的基础

巧妇难为无米之炊。只有人力投入，才会建立健全应急管理机构，才会建立专业化的应急队伍；只有物力投入，才会配置应急管理、应急救援需要的基本设施和专用装备；只有人力、财力、物力的系统投入，应急资源才会充足，应急指挥才会得力，应急行动才会协调，应急体系才会良好运行，顺利实现预期的目标。因此，应急投入，是保障应急工作的根本基础。

应急工作“五要素”，既相对独立，又有机统一。是一个结构完整、内涵丰富的体系。既不能将各要素相互割裂，过分夸大或缩小某一个要素的作用，也不能不分主次，不讲实际情况，眉毛胡子一把抓。要防止出现概念理解简单化、理论把握空洞化、实践操作传统化的现象。

第一节　应急文化

一、建立现代应急救援理念

任何一种先进理念的建立，都必须建立在科学研究基础之上，同时具有科学的内涵，才能被社会大众所接受。

任何一种理念的传播，都会受到经济、文化、社会的影响，不顾物质基础、文化背景、政治形势，按照统一的模式进行传播，再先进的理念，也可能被拒之门外。

现代应急理念，是西方发达国家在经济、社会发展过程出现的大量灾难性事故、事件中，总结探索出来的先进理念，并在这种理念的指引下，探索研究出了应急管理、应急救援的原则、方针及具体的技术、方法及装备。逐渐完善的应急体系，为成功应对各种危机，保障生命财产安全，保障社会稳定，发挥了重要作用，做出了不可估量的贡献！

源于西方的现代应急理念与方法，在20世纪末开始传入中国，并迅速开花结果，得到了党和国家的高度重视。但是，总体而言，在当前的中国，应急理念虽然在社会上得到了较为广泛的传播，但是，绝大多数公众并未建立起良好的应急意识，从具体的方法上也就更加欠缺了。

严格来讲，我国公众的应急理念与方法并非一穷二白，从某种角度上讲，中国人的应急意识还是源远流长，如：

——“杜渐防萌”(《后汉书·丁鸿传》)，“居安思危，思则有备，有备无患。”(《左传》)

体现的就是现代应急工作的“预警预防”思想。

——“凡事预则立，不预则废。”(《礼记·中庸》)

与现代应急管理把应急预案编制的要求异曲同工。

——“怒可以复喜，愠可以复悦，亡国不可以复存，死者不

可以复生。故明君慎之，良将警之，此安国全军之道也。”《孙子兵法。火攻篇》

这里对生命重要性的认识，与以救人为首任的现代应急救援原则也是相一致的。

——“大禹治水，疏而不堵。”

对于泛滥的洪水，大禹之父鲧用强堵硬截之法治理洪水，经年累月，殚精竭虑，力没少出，结果却是到死也没治好洪水。而大禹承父遗志，采用疏导的方法，率领百姓挑土筑堤，疏江导河，为治水三过家门不入，结果省事省力又安全地把洪水治住了。“疏而不堵”的大禹治水术，虽然远在无数年前的洪荒时代，却充分体现了应急救援要有技术保障的现代应急思想。

——“工欲善其事，必先利其器。”(《论语·魏灵公》)

要做好工作，先要使工具锋利。要想伐树快，先得把斧子磨利。若没有相应的工具，就会出现“今既一无所有，纵使大禹重生，亦当束手。”(《镜花缘》第三十六回)之窘状的情形。这种思想其实与应急救援必须具备专用的应急装备一模一样，如，对付火灾须配备灭火器，登高要用保险带，监测要用监测仪等。而且，古人不仅要求有器，而且要求器“利”，这一个“利”字，可以理解为好用，更可以理解为先进，从这一点上讲，先人对应急设备的理解比现代应急装备理念还要先进。若工业革命发生在中国，且现代应急理念与方法在中国发源，那么“工欲善其事，必先利其器”必将成为中国应急救援装备建设的重要指导思想。

在现代应急理念传入之前，我国在长期的生产实践中，也总结出了一些处置突发事故的方法，并在实践中发挥着保障安全的重要作用。如诸多企业在生产安全操作规程中，从整个装置运行，到单台设备操作，对各道工序、每台设备可能发生的事故大都制定了事故应对处置方法，其实质暗合了现代应急理念与方法，但是，由于理念上是单一的事中处置，在处置方法上也不系统。特别是对需要多方参与的重大事故、事件的处理上，更多的是事发后的处置，而不是事前、事中、事后的全过程控制；更多的是采取行政色彩浓厚的“人治”，而不是依据事先制定的预案，由既定应急组织，按照既定应急程序，调动各方应急资源等进行应急救援的“法制”。

但是，现代应急理念，对突发事故、事件，从应急组织、应急原则、专业队伍、响应程序到应急装备、救援技术、应急恢复等方方面面，建立起了一个科学规范的系统。

从这一点上讲，传统的“应急”理念、“应急”技术、“应急”组织，根本不能同现代应急理念的内涵与现代应急工作体系相提并论。

因此，当务之急，为适应全面推进应急工作的需要，必须从应急工作的内涵、功能、重要性、紧迫性等方方面面进行大力宣传，让现代应急理念深入人心，这是深入开展应急工作的重要基础。

二、建设应急救援文化

（一）应急文化定义

根据现代汉语词典的解释，“文化”是指人类在社会历史发展过程中所创造的物质财富和精神财富的总和，特指精神财富，如文学、艺术、教育、科学等。

应急文化，就是在人类历史发展过程中，为保障人们生命安全与健康、保障生产经营行为正常进行和社会稳定，而创造的应急物质财富和精神财富的总和。

从当前人们的习惯思维上讲，应急文化是以物质文化为基础的具有积极导向功能的价值观和行为准则，通常所说的应急意识、应急理念为其简单而重要的表现形式。

（二）应急文化结构

应急文化是应急工作的物质财富和精神财富的总和，但是，它以应急意识、应急理念为主要表现形式。切忌对应急文化只通俗地理解成心理意识行为，而忽视了其重要的物质基础和形成过程。如若不然，应急文化就成了无本之木，无源之水。

从远古人类用于驱赶野兽的篝火，到现代工业生产中应用的安全防护设备，这些用于保障人的生命安全、保障生产顺利进行的应急之“物”，具体代表了人类不同时期的“应急”水平，是应急文化的重要基石。

在此“基石”之上，远古的人们知道要下古井，先扔一根鸡毛下去，如果鸡毛旋转不下，便是有毒之井，不能下去，这是不折不扣的应急“预防监测”技术；现代社会的人们，在无数次的生产、工作、生活中的突发事故、事件的外置中，从感性到理性，从实践到理论，不断总结、发展应急理念与技术，应急文化的物质财富与精神财富极大地丰富。

在此基础之上，人们总结出了“居安思危，思则有备，有备无患。”这种典型的应急文化理念，至今光芒无限。随着时代的发展应急文化也不断丰富发展，最终发展到具有应急装备、应急组织、应急队伍等物质内容及应急技术、应急预案等精神内容，并且以保障生命安全、保障财产安全、保障社会稳定、构建和谐社会等先进理念的应急文化。

因此，应急文化的内容结构包括三个层次，这三个层次构成了一个形象的金字塔，如图 4-1 所示。

1. 塔底——物质基础层

也为物质保障层，它既包括服务于应急工作的一切设备、设施、物资等物质，又包括所有政府应急机构、应急队伍、应急人员，还包括不断探索研究得到的应急技术。

意识来源于物质，人是生产力中最积极、最活跃的因素，因此，积累了人类发明的物质层是培育应急文化的重要基础层。

2. 塔中——制度推进层

也为发展过渡层。它包括在应急物质基础上形成的科学理论、法律规章、管理体制、管理机制等。只有通过这些科学理

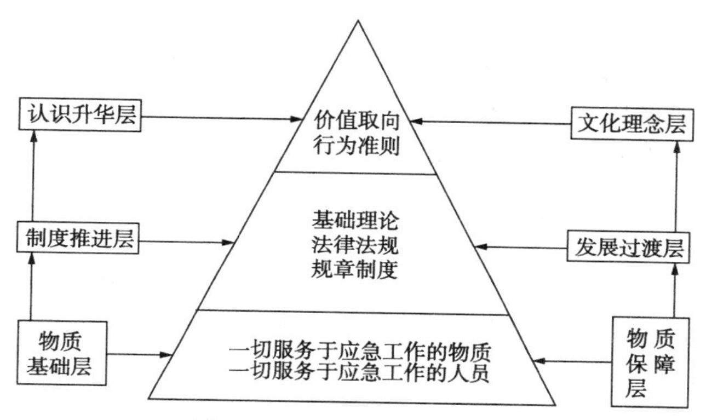

图 4-1　安全文化“金字塔”

论、法律规章、管理体制、管理机制的引导与约束，才能在人们的心理意识中最终培育出特定的应急行为准则。

制度推进，是应急意识形成的桥梁和纽带。离开了这一桥梁和纽带，就无法培育应急文化，应急理念就不能得到升华。

3. 塔顶——文化理念层

也为认识升华层。经过一系列的应急制度、理论的长时间引导与约束，最终在人们心理意识中形成特定的应急行为准则，包括对应急工作重要性的认识、法治意识、责任意识等。理论的形成，是应急文化最直观、最主要的表达形式。

任何一名应急工作者，都不应脱离实际，抛开应急文化的“塔基”，凌空跃上“塔顶”，从而让应急文化披着理论的外衣成为超凡脱俗的“阳春白雪”，难以接近；也不能把应急文化泛泛地表述为：一切的物质财富、精神财富都是应急文化，这种无所不包、良莠不分的文化观，就没有把握文化的精髓，也就失去了文化的导向功能！

三、应急文化的功能

概括来说，应急文化的功能包括规范功能、导向功能、传递功能、凝聚功能、经济功能、保护功能六大功能。

1. 规范功能

完善的应急法制体系，共同的应急理念，会对政府、企业等相关人员杂乱无章的个人行为进行严格的约束和规范，使得应急管理与应急救援得到有序、高效地推进。

2. 导向功能

不同的员工，由于经历、知识层次的不同，因而对应急工作的认识及行为也有很大的不同。鲜明时代特色的应急理念，会有效引导、约束应急人员趋向共同的价值观和行为准则。这些导向作用，会引导应急人员齐心协力，步调一致地工作，大大提高应急工作效率和质量。

3. 传递功能

有什么样的应急文化，就有什么样的应急行动。一个企业、一个地区、一个国家的应急文化，既不是一朝一夕形成，也非一朝一夕可去，它具有代代相传的传递功能。无论是优秀的应急文化，还是不良的应急文化，都会自然传递，并影响员工的行为。正因如此，必须培育良好的应急文化，应急工作才能持续健康地发展。

4. 凝聚功能

传播良好的应急文化，会使政府、企事业单位及全社会，对应急工作产生共同的认识，真正把应急当作与人、与己、与全社会的生命财产息息相关的好事、善事、实事，从而凝聚各方力量，共同抓好应急工作。如果不能建立共同的应急理念，不能理解应急工作的利益所在，那必将人心不一，应急人员再多，也是一盘散沙。

5. 经济功能

应急文化能有效促进应急工作的顺利开展，保障应急救援的成功进行，从而有效预防、控制事故、事件的发生，避免、减少人员的伤亡和财产损失，努力避免生产的中断，这无疑会直接或间接地创造经济效益。

6. 保护功能

应急工作的一个重要目的，就是努力避免减少人们的生命健康不受侵害，救人第一，是现代应急救援的重要原则。因此，树立生命至上、科学救援的应急文化理念，会对人们的生命健康起到重要的保护作用。

当前，应急文化建设没有受到广泛的重视，应急文化建设相当薄弱，突出表现为全社会没有形成共同的应急理念。加强应急文化建设，在全社会树立共同的应急理念，对于调动各方力量，协调应急行动，实现应急目标，具有重要的作用。加强应急文化建设，也是当前应急工作的一项迫切任务。

第二节　应急法制

没有规矩，不成方圆。没有健全的法制，就会失去工作的规则，应急管理就会混乱，应急救援的目标就不可能实现。加强应急法制建设，是保障应急工作顺开展、实现应急预期目标的有力武器。

一、法制基础知识

（一）法的广义性与狭义性

从广义上讲，法是指国家按照统治阶级利益和意志制定或者认可，并由国家强制力保证其实施的行为规范的总和。

从狭义上讲，法是专指拥有立法权的机关依照立法程序制定和颁布的规范性文件，即具体的法律规范，包括宪法、法令、法律、行政法规、地方性法规、行政规章、判例、习惯法等各种成文法和不成文法。

关于法和法律。在人们的日常生活中，使用法律一词，多是广义性的。如“执法必严”“法律面前人人平等”，其中涉及的法和法律都是从广义上讲的。为了加以区别，法学专业领域将广义的法律称之为法；但在很多场合，二者都根据约定俗成原则，统称为法律。

（二）法的分类

按照法的法律地位和法律效力的层级，法的分类如下：

1. 宪法

宪法是国家的根本法，具有最高的法律地位和法律效力。

2. 法律

广义的法律与法同义。狭义的法律特指由享有国家立法权的机关依照一定的立法程序制定和颁布的规范性文件。法律的地位和效力仅次于宪法。

3. 行政法规

行政法规是国家行政机关制定的规范性文件的总称。狭义的行政法规专指最高国家行政机关即国务院制定的规范性文件。行政法规的名称通常为条例、规定、办法、决定等。

4. 地方性法规

地方性法规是指地方国家机关依照法定职权和程序制定和颁布的、施行于本行政区域的规范性文件。

5. 行政规章

行政规章是指国家机关依照行政职权所制定、发布的针对某一类事件、行为或者某一类人员的行政管理的规范性文件。行政规章分为部门规章和地方政府规章两种。

部门规章是指国务院的部、委员会和直属机构依照法律、行政法规或者国务院授权制定的在全国范围内实施行政管理的规范性文件。

地方政府规章是指有地方性法规制定权的地方人民政府依照法律、行政法规、地方性法规或者本级人民代表大会或其常务委员会授权制定的在本行政区域实施行政管理的规范性文件。

（三）法的效力

法的效力，即法的生效范围，是指法对什么人、在什么地方、什么时间发生效力。

1. 对人的效力

法律对什么人产生效力，各国立法原则不同而出现不同，大体有三种情况：

（1）属人原则

以国籍为主，法律只对本国人适用，不适用于外国人。

（2）属地原则

以地域为主，法律对该国主权控制下的陆地、水域及其水底、底土和领空内有绝对效力。不论本国人、外国人，均适用。

（3）属地原则与属人原则相结合

即凡居住在一国领土内者，无论本国人，还是外国人，原则上一律适用该国法律；但在某些问题上，对外国人仍要适用其本国法律；特别是依照国际惯例和条约，享有外交特权和豁免权的外国人，仍适用其本国法律。

我国社会主义法的效力，采用第三种情况即属人原则与属地原则相结合的原则。

2. 关于地域的效力

法的地域效力，包括三个方面的内容：

（1）在全国范围内生效。如全国人大及其常委会制定的规范性法律，除有特殊规定之外，一般都在全国范围内有效。

（2）在局部地区有效。一般是指地方国家机关制定的规范性法律文件。

（3）不但在国内有效，而且在一定条件下可以超出国境。《中华人民共和国刑法》第八条规定：外国人在中华人民共和国领域外对中华人民共和国国家或者公民犯罪，而按本法规定的最低刑为三年以上有期徒刑的，可以适用本法，但是按照犯罪地的法律不受处罚的除外。

3. 关于时间的效力

这是指法律何时生效、何时终止。主要有两种情况：

（1）自法律公布之日起生效。

（2）法律另行规定生效时间。如《安全生产法》于 2002 年 6 月 29 日公布，自 2002 年 11 月 1 日生效施行。

4. 关于层级的效力

法的层级不同，其法律地位和效力也不同。

上位法是指法律地位、法律效力高于其他相关法的法律。

下位法则是相对于上位法而言，法律地位、法律效力低于相关上位法的法律。

上位法的效力要高于下位法的效力；在同一层级上，特殊法优于普通法。

如宪法与《突发事件应对法》，宪法就是上位法，《突发事件应对法》是下位法，宪法的效力就要高于《突发事件应对法》。

宪法具有最高的法律效力，一切法律、行政法规、地方性法规、自治条例和单行条例、规章都不得同宪法相抵触。

法律的效力高于行政法规、地方性法规、规章。全国人民代表大会常务委员会的法律解释同法律具有同等效力。

行政法规的效力高于地方性法规、规章。

地方性法规的效力高于本级和下级地方政府规章。

省、自治区的人民政府制定的规章的效力高于本行政区域内的较大的市的人民政府制定的规章。

自治条例和单行条例依法对法律、行政法规、地方性法规作变通规定的，在本自治地方适用自治条例和单行条例的规定。

经济特区法规根据授权对法律、行政法规、地方性法规作变通规定的，在本经济特区适用经济特区法规的规定。

部门规章之间、部门规章与地方政府规章之间具有同等效力，在各自的权限范围内施行。

同一机关制定的法律、行政法规、地方性法规、自治条例和单行条例、规章，特别规定与一般规定不一致的，适用特别规定；新的规定与旧的规定不一致的，适用新的规定。

普通法是指适用于某领域中普遍存在的基本问题、共性问题的法律规范。如《安全生产法》就是安全领域中的普通法。

特殊法是相对于普通法而言，适用于该领域中存在的特殊性、专业性问题的法律规范，它们比普通法更具专业、具体性、可操作性。如《消防法》就是安全生产领域中的特殊法，如遇到消防问题时，《消防法》效力就高于《安全生产法》。

法的效力层级关系如图 4-2 所示。

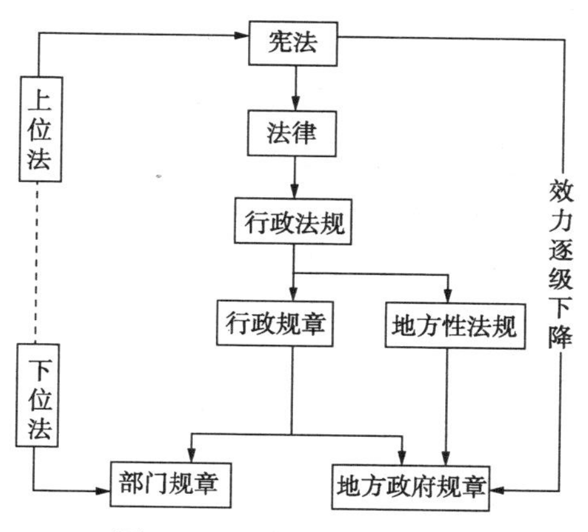

图 4-2　法的效力层级关系

（四）法的适用原则

社会主义法的适用原则主要有三个：

1. 法律适用机关依法独立行使职权

国家行政机关和人民法院、人民检察院等司法机关必须依照法律规定行使职权，依法行使职权不受其他国家机关、社会团体和个人的干涉。

2. 以事实为依据，以法律为准绳

适用法律时，必须尊重客观事实，实事求是，并严格依照法律规定办事，不能徇私枉法。

3. 法律面前人人平等

(1) 权利和义务平等

公民，不分性别、民族、种族、职业等，一律平等地享有法律规定的权利、平等地承担法律规定的义务，坚决反对特权。

(2) 责任平等

公民在适用法律上一律平等。它要求司法机关在适用法律时，以同一法定标准对待一切公民。不管什么人，即使是担任高级领导职务的，只要他确实违反了法律、触犯了刑律，都应依法严肃处理。

(五) 法律责任

法律责任是指由于违法行为而应当承担的法律后果。按照违法的性质、程度不同，法律责任可以分为刑事责任、行政责任和民事责任。

(六) 法理与情理

情理是大众的普遍感情，是群众论事论理、论是论非的标准；法理是法学家理性思考的结晶，是创造法律规则的逻辑基础。

情理是法理的基础，法理是情理的升华。说到底，法理还是基于情理而产生，情理通过法理而升华。法理离不开情理。情理和法理，既相对立，又相统一；既有所区别，又相依相伴，紧密相随。

因此，在研究制定法律、法规时，必须充分考虑人情和社会情况，努力让其成为代表最广大人民利益的“活”的思想和“死”的规则，只有这样，法才能更符合实际。

二、加强应急法制的重要性和紧迫性

1. 加强应急法制建设的重要性

应急工作事关人民群众生命财产安全，事关改革发展和社会稳定大局，加强应急法制建设，有利于规范应急管理与应急救援工作，有利于避免、减少事故的发生，有利于避免、减少人员的伤亡和财产损失，有利于社会的稳定，有利于创造良好的经济效益、生态效益和社会效益。

没有健全的法则，就会失去规则，应急管理就会混乱，上述应急救援的目标就不可能实现。加强应急法制建设，是保障应急工作顺开展，实现应急预期目标的有力武器！

特别是，随着时代的发展，依法治国、建设社会主义法治国家成为当前我国政府治理国家的基本方略。生命至上、安全第一，构建和谐社会成为新时代各项建设的重要指导思想。

因此，加强应急法制建设，是工作所需，时代所需，不仅极为必要，而且极为重要。

2. 加强应急法制建设的紧迫性

（1）十几年来，我国安全生产形势持续向好，成绩显著，但是，当前我国危险化学品事故依然多发，重特大事故屡见不鲜，危险化学品安全生产形势严峻，大力发展应急工作，提高应急保障能力，筑牢安全生产的最后一道防线，刻不容缓。

（2）中国特色社会主义进入新时代，社会主要矛盾转化为人民日益增长的美好生活需要和不平衡不充分的发展之间的矛盾。我国安全生产形势持续向好，但仍未改变安全生产是我国社会治理短板和弱项的基本判断。从现在到 2020 年是全面建成小康社会的决胜期，人们对物质文化生活提出了更高的要求，对安全生产的要求也日益提高；2035 年要基本实现社会主义现代化，到那时，现代社会治理格局基本形成，社会充满活力又和谐有序；到 21 世纪中叶，要把我国建成富强民主文明和谐美丽的社会主义现代化强国，到那时，我国人民将享有更加幸福安康的生活。民众对生命安康需求的迅速提升，从客观上要求大力发展应急工作，保障人民的生命财产免受侵害，成为应急工作的重要目标，一旦出现重大的人员伤亡，都会带来严重的社会影响。

(3) 我国的应急法制建设，还很不完善，行政法规和部门规章也不健全，建立健全应急法制体系，形势所迫，迫在眉睫。

如此种种，加强应急法制建设，建立健全应急法制体系，实现应急工作的法治化管理，极为迫切。

三、应急法制建设的指导思想

从宏观上讲，抓好应急法制建设，就是抓好立法、守法、执法、责任追究建设。具体来讲，就是应急工作必须做到有法可依，有法必依，执法必严，违法必究。

四、加强应急法制的具体操作——立法、守法与执法

（一）立法——有法可依

立法是应急法制建设的基础工作，也是执法和守法的前提条件。有法可依，要求应急工作的各个方面都要有法律规范，都要有章可循。

这里的“立法”是广义的，包含两个层面：

(1)指国家制定的安全生产法律、行政法规、地方性法规和行政规章；

(2)指专业应急机构、应急队伍、生产企业等依据国家的相关法律、行政法规、地方性法规和行政规章制定相应的应急规章制度，这不是严格法律条文的“法”，对安全生产发挥着最为有效、最为关键的保障作用。

（二）守法——有法必依

要真正发挥应急法律保障应急工作规范进行，应急目标圆满实现的功能，必须做到有法必依，依法办事，公平办事、高效办事。

1. 政府依法行政

对于政府应急机构来说，有法必依就是要依法行政，具体要求如下：

（1）合法行政。行政机关的行政管理行为，应当依照法律、法规、规章的规定进行。

（2）合理行政。行政机关的行政管理行为，应当遵守公平、公开的原则，不能对管理对象有偏私、歧视等不公平现象。

（3）程序正当。行政机关实施行政管理，对涉及国家秘密和依法受到保护的商业秘密、个人隐私的以外，应当公开，注意听取公民、法人和其他组织的意见。要严格遵循法定程序，依法保障行政管理对象的知情权、参与权和救济权。

（4）高效便民。行政机关实施行政管理，应当遵守法定时限，积极履行职责，提高办事效率。

（5）诚实守信。行政机关公布的信息应当全面、准确、真实，对管理对象因行政管理不当受到损失的，应及时予以补偿。

（6）权责统一。行政机关既要依法使用相应的执法手段，又要承担违法或行使职权不当所应承担的法律责任。

2. 非政府应机机构、人员依法办事

对于非政府的专业应机队伍、生产企业，“有法必依”就是要依法办事，具体主要做到以下几点：

（1）加强法治思想念教育。思想是行动的先导，有什么样的思想，就会有什么样的行动。必须通过应急法制思想教育，使相关人员树立良好的应急法制意识。

（2）加强法制内容教育。只有懂法，才会守法。不懂法，谈何守法？因此，要依法办事，就必须加强应急法制内容教育。法律条款内容严谨、丰富，但往往枯燥、单调，一般人起初并不容易全面准确理解把握。要让大家守法，就必须对大家讲清法律条款所要约束的内容。法制内容教育，可以通过出版法律单行本，相关的法律条款解释专著，举办培训班，电视、报纸开设专栏等内容进行。

（3）领导以身作则，员工自觉遵守。火车跑得快，全靠车头带。遵纪守法，首先要从领导做起。领导以身作则，成为执行政策的模范和遵纪守法的先锋，就会影响、带动、教育身边的人，自觉遵章守纪。作为员工，也不能只看领导，更要从爱自己、爱他人、爱企业、爱社会的高度，识大体，顾大局，依法遵章守纪。

（三）执法——执法必严，违法必究

“执法必严，违法必究”是对执法机关和执法人员提出的基本要求，它要求执法机关和执法人员要严格执法，正确行使人民赋予的执法权利，尽职尽责地坚决打击和制裁一切违法犯罪行为。因此，“执法必严，违法必究”是应急法制建设不可或缺的一环。

“执法必严，违法必究”，包括政府与企业两个层面。作为政府及其公务人员，一方面对应急违法行为，要严格依法纠正、打击，另一方面要主动接受社会监督，发现问题，及时改正；最后，要采用多种方式，在全社会进行应急理念的宣传、应急文化的建设，在全社会营造良好的关注应急工作、依法开展应急工作的良好氛围。在全社会营造良好的应急工作氛围，是政府的义务和责任。对于企业来说，“执法必严，违法必究”，就是明察秋毫，发现问题，严肃处理。

第三节　应急责任

如果说，应急文化是应急工作的灵魂，那么，应急责任就是应急工作灵魂的核心。一个人的责任心不会先天形成，而是在秉承了一定遗传素质的基础上，通过后天履行一定的责任要求逐步形成的。

应急责任建设，首先是建立健全应急责任制，使得每一个部门、人员的应急职责，在合理、合法的基础上进行明文规定；其次，就是要狠抓责任制的落实。

不能建立书面化的岗位责任制，就会出现职责不明确、工作脱节、相互推诿的现象。岗位责任制必须由政府、企业以正规文件明确，不以文件化形式明确责任制，责任制就会缺乏约束力，也不利于做到责权利对等。岗位责任制的落实，要讲科学，坚持软性引导为主，硬性强制为辅，软硬结合，主动落实的工作方法。要坚决改变重监督、重处罚，轻引导、轻沟通的传统强化责任思维。

一、应急责任的界定

应急责任，就是严格履行规定的应急责任制，尽职尽责地做好每一件分内之事；如果职责不落实，或落实不力，应该圆满实现而没有实现或没有完全实现预定的目标，造成了事故的扩大或恶化，造成了不应有的人员伤亡和财产损失，就要承担被追究的责任。

二、责任心与责任能力

（一）责任心及其形成

1. 责任心的定义

责任心是一个人对自己行为负责的自觉意识、态度和行动。它是社会个体从责任赋予者那里接受责任之后，内化于本人内心世界的一种心理状态，这种心理状态是个体履行责任行为的精神内驱力。

2. 责任心的形成

一个人的责任心并不是先天形成的，而是在秉承了一定遗传素质的基础上，通过后天履行一定的责任要求逐步形成的。

责任是责任心形成的源头。因此，要让一个员工具有责任心，首先必须明确其责任，否则，就根本谈不上责任心的培养。

3. 工作责任心

工作责任心是员工对待工作的一种整体态度。工作责任心高的员工应具备以下特征：

(1) 为成功完成工作而保持高度热情和付出额外的努力；

(2) 自愿做一些本不属于自己职责范围内的工作；

(3) 乐于助人，积极合作；

(4) 遵守组织的规定和程序；

(5) 赞同、支持和维护组织的目标。

简而言之，工作责任心就是对他人的支持、对组织的支持、对工作的积极态度。

工作责任心常常与工作投入相联系。工作投入是员工在工作中的深入程度，所花费的时间和精力的多少以及把工作视作整个生活的核心部分的程度。工作投入高的员工更相信职业道德、喜欢参与指定决策。因而他们很少迟到或缺勤，他们愿意长时间地工作，努力取得最高的工作质量。

工作责任心能很好地预测员工的行为。责任心强的员工，能提供职责要求外的服务，有着极好的工作记录，在工作的各个领域中积极追求卓越。比如，自愿承担不属于自己职责范围内的工作，帮助同事，并与之合作完成作业活动。它主要受人格因素的影响。

(二) 责任能力

责任能力，即从事本职工作的能力。不同的人有不同的责任能力，它与一个人的文化程度、年龄大小、工作经历、性格特点等有关。

(三) 责任心与责任能力的关系

责任心与责任能力并不成正比，但在实际工作中，却可以有效互补。

责任心，以一定的责任能力为基础，没有责任能力，就不能做相应的工作，也就谈不上责任心；一个人有责任能力，并不等于这个人有责任心。偏激自私、盲目侥幸的人，不可能有良好的工作责任心，工作技能再高，也难以做好应急工作。

在应急工作中，对责任能力的不足，可由责任心进行相当程度的弥补。而责任心不足，对一个责任能力很高的人都可能是致命的。

比如，一个没有多少经验的消防举高车司机，其驾驶、操作技术可能并不很高，但是，其谨小慎微、如履薄冰的责任心，却会让他严格要求，精心操作，拿出最高水平，从而做到准确操作，及时有效地进行人员抢救、高空灭火等工作。

相反，一个操作技术很高的人，若骄傲自满，麻痹大意，工作责任心不强，就可能玩花样显本事，冒险操作，极有可能出现不按照操作规程要求，对周围环境未进行仔细观察而让起重臂碰触高压线，造成动力线中断、人员触电伤亡等事故。这种事情在实际工作中可谓屡见不鲜。

三、应急责任的种类

应急责任，包括道德责任和法律责任两大类。

（一）道德责任

道德责任，是指人们在社会生活中，应当遵守的全社会共同的生活准则和规范，违背这些道德准则和规范，应被追究责任。

每一个应急工作者，都应胸怀全局，有关爱他人、保护环境、热爱祖国的社会责任感，在出现重大险情、事故之时，快速反应，严格履职，避免人员伤亡和财产损失。

（二）法律责任

法律责任，是指政府、企业及相关人员违反应急法律行为所应受到法律责任追究。法律责任包括行政责任、民事责任、刑事责任三种。

1. 行政责任

行政责任是行政法律的简称。指违反有关行政管理的法律、法规的规定，但尚未构成犯罪的行为，所依法应承担的法律后果。行政责任的类型分两种，即行政处分和行政处罚。

（1）行政处分是对国家工作人员及由国家机关委派到企、事业单位任职的人员的行政违法行为，由所在单位或者其上级主管机关所给予的一种制裁性处理。按照《行政监察法》及国务院的有关规定，行政处分的种类包括：警告、记过、降级、降职、撤职、开除等。

（2）行政处罚是指国家行政机关及其他依法可以实施行政处罚权的组织，对违反行政法律、法规、规章尚不构成犯罪的公民、法人及其他组织实施的一种制裁行为。

行政处罚是追究行政责任的主要方式。行政处罚主要有以下几种：①警告；②罚款；③没收违法所得、没收非法财物；④责令停产停业；⑤暂扣或者吊销许可证，暂扣或者吊销执照；⑥行政拘留；⑦法律、法规规定的其他行政处罚。

2. 民事责任

民事责任是民事法律责任的简称。它是指民事法律关系的主体没有按照法律规定或合同约定履行自己的民事义务，或者侵害了他人的合法权益，所应承担的法律后果。民事责任是保护民事权利的重要法律措施。民事责任的类型通常可以分成两类：

（1）合同责任或称违约责任，是指合同当事人在合同订立后，没有按照合同的约定履行自己的义务而应当承担的民事责任。

（2）侵权责任，是指民事主体因为自己的过错侵犯他人财产权或者人身权造成损害而应当承担的对受害人负责赔偿的民事责任。在现实生活中，包括安全生产，侵权行为是经常发生的。

根据《民法通则》第一百三十四条的规定，承担民事责任的方式主要有：①停止侵害；②排除妨碍；③消除危险；④返还财产；⑤恢复原状；⑥修理、重作、更换；⑦赔偿损失；⑧支付违约金；⑨消除影响、恢复名誉；⑩赔礼道歉。

以上承担民事责任的方式，可以单独适用，也可以合并适用。

人民法院审理民事案件，除适用上述规定外，还可以予以训诫、责令具结悔过、收缴进行非法活动的财物和非法所得，并可以依照法律规定处以罚款、拘留。

3. 刑事责任

刑事责任是国家刑事法律规定的犯罪行为所应承担的法律后果。任何公民、法人实施了违反法律的行为，都要承担由于他的行为所造成的法律后果。犯罪与刑事责任是紧密联系的，认定犯罪的目的，就是为了追究犯罪人的刑事责任。凡是犯罪行为，都是应当负刑事责任的，不是犯罪行为，就不能追究刑事责任。

对刑事责任的刑罚分主刑和附加刑两类：主刑也叫基本刑罚，是对犯罪行为人适用的主要刑罚方法，包括管制、拘役、有期徒刑、无期徒刑、死刑五种；附加刑又叫从刑，是补充主刑而适用的刑罚方法。根据《刑法》的规定，附加刑也可以独立适用。附加刑主要有罚金、剥夺政治权利、没收财产。

四、应急责任建设的三个法则

（一）应急责任的“弹簧理论”

无所不知，弹簧受到外力按压，就会变形收缩；外力取消，立刻就会恢复原形。应急责任心的培育，也是如此。应急工作要做好，首先要有责任能力，即胜任本职工作，其次，要有责任心。

对一个人进行了良好的安全意识教育，使其切实明白了应急的重要性，就会形成良好的应急责任心。但是，这种教育一旦停止，这个人就会慢慢滋生麻痹、懈怠心理，失去良好的责任心，而且，越是没有应急行动，责任心就弱化得越快。如某一天又对其进行安全教育，特别是在发生因应急不当而恶化的重大事故之后，在事实面前，他的责任心又会立刻增强。

经常进行教育，就像用手按下弹簧，责任心就会增强，长时间不教育，就像松开压紧的弹簧，立刻就会反弹。如此反复，就像弹簧压紧复松，这就是安全责任的弹簧理论。

在不断变化的现实生活中，责任心是动态变化的。良好的工作责任心，形成难且慢，弱化快且易。因此，运用“弹簧理论”，对应急责任心教育常抓不懈，要日复一日、周复一周、月复一月、年复一年地关注员工心理动态，针对新情况、新问题，及时采取多样的形式，培育良好的应急工作责任心。

（二）应急责任的“水桶理论”

众所周知，无论是铁制水桶，还是木制水桶，无论桶壁多高、桶底多厚，但是只要铁桶的桶底出现一个小洞、一条裂缝，水桶里的水再多，都会流干，一无所用。应急责任心的重要性也是如此。

无论你的文凭、职称有多高，也无论你的工作技能如何好，只要应急责任心出现一点“真空”，就可能会造成意想不到的事故发生，让那些耀眼的文凭、职称，那些令人佩服的技能一无所用。

如发生无色无味的毒气泄漏事故，若应急责任心不到，就可能不戴呼吸器，凭感觉，想当然地进入泄漏区域操作，造成中毒伤亡，延误、恶化事故；或者，佩戴了全面式空气呼吸器，但是匆忙之中，没有严格按程序操作，没有打开进气阀，很快憋晕在事故现场，救人不成又害己，也会延误事故处置，造成事故的恶化或扩大。这些事情，在应急实战、应急演练中都不止一次地发生过。

任何人都应透析“水桶理论”，永远保持良好的应急责任心，避免因责任的缺失，导致不该发生的事故发生。

（三）应急责任的“火炉理论”

一只火势熊熊的火炉，远观炉壁火红，可知定然烫人无比，不能靠近；如近之，未等接触，已是热气灼人；如若不信，以手试之，必伤无疑。应急责任的贯彻落实也是如此。

实践证明，要把保障应急的法律、法规、制度落到实处，就要把这些法律、法规、制度变成“火炉”，谁若触犯，必受严惩，以充分落实责任，保障应急工作的顺利开展，实现应急工作的目标。

运用火炉理论应注意坚持以下五个原则：

1. 警告性原则

热炉外观火红，不用手去摸，也可知道炉子足以伤人。对应急法律、法规、制度，特别是责任追究规定，必须先期大力宣传，广而告之，丑话前头说，事后处罚就会服众。

2. 兑现性原则

用手触摸热炉，毫无疑问地会被灼伤。对应急法律、法规、制度，谁若触犯，不论故意，还是无意，都要对其进行惩处，做到严要求，硬兑现，以儆效尤。

3. 即时性原则

碰到热炉时，立即就被灼伤。对违章违纪者的责任追究，必须在错误行为发生后立即进行，不能拖延时间，时间一长，就会减弱处罚的威慑效果。

4. 公平性原则

不管谁碰到热炉，都会被灼伤。在法律、制度面前，任何人一律平等，不论官职大小、男女强弱，均一视同仁，按章处理。如果“刑不上大夫”，那么责任追究有不如无，规章制度也会成为一纸空文。

5. 情理性原则

火炉是用来取暖的，不是用来烫人的。规章制度是用来规范行为、保障工作的，不是用来处罚人的，处罚只是手段，不是目的。因此，在进行责任追究时，还必须遵守合理、合情的原则。

比如说，对应当正确使用气体监测仪的应急人员，如果是在实战之时，事先没有按规定对仪器进行零位校定，从而将不具备动火条件的可燃气体泄漏环境判断为具备动火条件，并因此造成了重大火灾事故，那么对其罚款是 1000 元，甚至 1 万元，恐怕他都能接受；但是，若是在演练之时，发生这样的问题，但没有造成什么不良的后果，也照上开出千元罚单，肯定就是不近人情的“暴力行为”了，会引发抵触心理甚至过激行为。适度罚款，既可教育本人，也可教育群众。毕竟处罚只是手段，不是目的。

五、强化应急责任的具体操作

如果岗位责任制没落到实处，再先进的设备也等于摆设，再完善的制度也是纸上谈兵。因此，强化责任建设，重在落实责任制。具体当从下面几个方面进行。

（一）培育良好的应急责任心

应急责任心的培育，既要有约束机制，也要有激励机制。最高效的培养办法是，如何让员工通过责任心的落实，获得充足的成就感，让其变被动强制要求为主动自觉履行。

1. 制定“流程化、标准化”的责任制度

要想保证政府相关人员，企业所有人员尽职尽责，首先对其工作内容科学详细的设计，开始如何，下步如何，一步一步按照工作流程进行具体、可操作的细化，从“流程上”确保工作质量，只有流程上科学合理，才能高效。

2. 制定满足不同需求的激励政策

需求引起动机，动机决定行为。员工的需要使员工产生了动机，行为是动机的表现和结果。

激励政策本身也有一个完善的过程。这需要在工作中不断了解员工的需求，及时将员工新的需求反映在政策中，这样才能使政策能够保持持续的有效性。

3. 创建良好的工作氛围

因为个体常常是从同事那儿获得社会暗示，并随之调整自己的行为，所以，良好的工作氛围对团队成员责任心的影响很大。

如果办公室所有人都在看报喝茶，不干实事，那么会自认为不做事是理所当然。如果公司里所有的人都在辛勤工作，而自己不辛勤工作的话肯定会被炒鱿鱼。

4. 建立自律的领导层

领导的榜样作用在激发员工工作责任心方面起到很关键的作用。如果领导以各种理由搪塞自己的失职，则必然导致员工丧失基本的责任心，其负面影响不言而喻。

5. 强化员工的责任心教育

仅有流程化、标准化的制度和监管，员工就一定按流程和标准做了吗？显然未必，还须加强员工的行为教育，培育出良好的责任心才行。如果说流程化、标准化的制度和监管是硬性的强迫性约束，那么责任心教育，则是让员工自愿接受约束，起到春风化雨的作用。

责任心教育包括两个方面：一是领导者的示范作用教育，二是对基层工作人员遵章守纪的主动性教育。

责任心教育最好的方式就是领导身体力行。想要员工有责任心，那么作为企业的经营管理者必须身体力行，起到模范的作用。领导一正能压百邪，领导邪一寸，下属邪百里。如果只是要求一般的工作人员如何按照流程和标准来做，要求一般工作人员严格按制度办事，而作为领导者超越制度和监管，出了问题，领导率先逃避责任，那么，无论怎么培训教育，员工的行为也不会好。

只有领导敢负责任，员工才能敢负责任。领导都担负不起责任来，一般员工的肩膀又能扛得住多大的责任重担呢？反之，领导是非分明，敢于承认错误，承担责任，员工自然也就从善如流，既能正确地看待履行职责，取得佳绩受到的奖励，也能正确看待失职失责引发事故，所受到的批评与处罚。是非分明，奖惩兑现，就会培养起良好的责任心。

（二）建立责权利对等的观念和制度

责任与权力、利益是对立统一的，无论是对组织，还是对个人，规定了应尽的职责，同时，必须明确其所应有的权力，以及圆满履行职责后应获得的利益及工作失职所应受到的处罚。没有“责、权、利”的对等，应急责任心就不会得到很好的落实。

（三）强化道德责任建设

要以生命至上、安全第一、生命无价、科学发展、构建和谐社会等现代理念与时代要求为重要内容，对应急人员进行大力宣传，只要树立生命无价、救死扶伤、救人第一，顾全大局、快速反应、默契配合，防灾减灾、保障发展、共创和谐的应急观，就具备了良好的应急道德。

（四）强化法律责任建设

强化法制责任建设，一是要加强立法，建立健全应急法制体系，逐步实现应急工作的法制化管理；二是依法行政，依法办事；三是违法必究，执法必严。

建立健全与落实安全责任，是个系统工程，必须以科学的理论作指导，理论联系实际地开展工作，才能收到事半功倍的效果，应急工作才会从根本上得到保障。

第四节　应急科技

一、科学技术的属性

人类在认识世界和改造世界的实践过程中，不断出现新的科学发现与新的技术发明；同时，这些新发现与新发明又帮助人类更好地认识世界和改造世界。

因此，科学技术是人类认识世界和改造世界过程中产生的科学发现与技术的有机结合，是人类认识世界和改造世界的工具或手段。

科学技术是科学与技术的有机结合，当科学与技术有机地结合在一起时，原来意义上的科学与技术的属性也发生了变化，成为一种推动社会发展的动力。就像氢气与氧气结合，生成人类的生命之源“水”一样，原来意义上的氢气与氧气的本质属性已发生了根本性的变化。所以，科学技术体系的本质属性有别于科学与技术的本质属性，科学技术的本质属性主要如下：

1. 科学与技术的不可分离性

必须先有科学的原理，才能发明科学的技术。从人类起源，直到现在，一直是这样。只是开始时，科学与技术的结合比较松散、简单、低级、无序，后来才逐步趋向比较严密、复杂、高级、有序。

2. 科学技术发展的目的性

科学技术的发展，总是在不断提高生产力水平，提高生产效率，降低劳动强度，解放劳动力，如机械化、自动化、电气化等科技的应用；不断扩大劳动对象范围，如随着科学技术的进步，人类能够从采煤发展到石油开采、天然气开采等。

因此，科学技术总是朝着促使人类在人类社会环境中更好地适应、生存与发展的方向发展。

3. 科学技术的理论性与实践性

科学技术的理论性表现在可以帮助人类从本质上认识世界，其实践性表现在可以帮助人类掌握规律去改造世界，变革世界。科学技术体系是其理论性与实践性的辩证统一。

4. 科学技术的物质性与意识性

这主要表现在科学技术体系是由各种有形的科研仪器设备、科学材料、实验手段、图书资料、计算机、网络设施、实验工厂、科学家、工程师等物质载体所构成，同时这些物质载体又是人类知识和智慧的物化，因此，又表现出一定的意识性。

二、科学技术的功能

科学技术具有社会功能和经济功能双重属性。

1. 社会功能

主要表现为帮助人们破除旧思想、旧观念，树立科学精神和科学思维方式，起到解放思想、追求真理的作用，是推动精神文明建设、促进思维方式变革和社会变革的巨大力量。

2. 经济功能

科学技术能带来经济的迅速发展。人类因为学会了钻木取火，实现了刀耕火种；因为蒸汽机的发明，引发了划时代的工业革命；因为电子科技的发展，掀起了信息技术革命的浪潮，所有这些，都是科技经济功能在不同历史时期的具体体现。

在人类已经步入新世纪的知识经济时代，科学技术的经济功能得到更加全面、深入的凸现和释放。科技的经济功能具体体现在科技的发展推动着生产关系的变革、劳动条件的改善和社会经济结构的变革上。

历史上每一次科学发展高潮之后，必然是技术发展高潮；每一次技术发展高潮之后，必然是经济发展高潮。当今世界，经济的增长已越来越依靠科学技术，科学技术已成为经济发展的首要因素和决定力量。

科学技术是第一生产力。马克思说过："生产力中也包括科学"。邓小平根据当代生产力发展规律和时代特征，提出"科学技术是第一生产力"的论断，这是对马克思主义科技学说的创造性发展。

科学技术之所以是生产力、是第一生产力，首先在于科学技术本身的性质和功能，其次在于科学技术与生产的关系越来越密切这一现代生产的特点和要求。

历史表明，科学的应用、新技术的发明已成为近代以来推动生产发展的主要力量，影响社会进步的重要因素。现代科学技术的发展，使科学与生产的关系越来越密切，科学技术作为生产力，越来越显示出巨大的作用进而成为第一生产力。

据统计，从20世纪初到21世纪初的100年，全球GDP总值增长了30多倍，其中科技进步对经济增长的贡献率由20世纪初的5%增至目前的70%~80%。因此，“科学技术是第一生产力”的是一个体现当今时代特色的科学论断。

三、应急科技的发展

（一）树立应急科技意识

首先要深入领会科学发展观的实质，充分认识到应急不讲科技，就谈不上坚持科学发展观；其次，要充分考察现代生产、工作、生活中的事故形成、发展与后果特性，充分认识到离开应急科技，就不可能成功应对现代生产、生活、工作中突发的重大事故。

只有树立良好的应急科技意识，才会有效应对各种复杂的突发情况，科技是应急救援的重要支持与保障。

（二）坚持“拿来主义”

理论是丰富实践的提炼和升华，得来不易。发达国家已经经历了200多年的工业化进程，社会物质财富极为丰富，发达的经济催生了先进的思想观念，在此基础上发展起来的应急理念与方法，是丰富生产、工作、生活实践的结晶，许多来自惨痛的失败教训，甚至是用鲜血和生命换来的。

中国正处在工业化的快速发展期，应急经验少，应急基础差，从机构建设、法治建设、体制建设等方方面面都处于刚刚起步、加速发展的状态。当此之际，吸收外来，对国外安全生产理论进行创造性转化充分借鉴发达国家在应急工作实践中的成功理念、方法和技术，用人之长，补己之短，就会少走弯路，加快速度，迅速发展完善中国的应急工作。

（三）独立自主，创新发展

应急科技可以从发达国家那里学习一些先进的理念、方法，但是，一些技术，特别是产品制造技术必须自行研究开发。譬如，有毒气体测试仪、可燃气体监测仪等精密仪器，发达国家的灵敏性、可靠性很高，国产的要想达到一定技术水平就要依靠自己的力量进行研究开发。

又如，防爆手电筒，前些年用的大都是外国货，而现在，国内自行研制的产品超过了国外的质量，品种也多了，如果等外国人提供技术，那么要么付出巨额的经济代价，要么只能用落后的技术，生产落后的产品，应急工作水平的提高，将受到严重的阻碍。

现在随着事故能量的高度集中与加大，社会系统各要素的相互联系日益密切，事故造成的后果越来越难以估量，需要越来越先进的应急设备与技术，将事故消灭在萌芽，降低事故损失，因此，大力发展应急科技，探索研究先进的应急救援技术、救援装备，极为迫切。

四、应急科技建设存在的问题

（一）应急科技意识不够

近年来，在科学发展的理念指导下，在重特大突发事件的推动下，从政府、企业、科研院所到社会公众，应急科技意识近年来大大提高，但还非常不够，主要是缺乏系统的规划，还是就事论事的多。没有良好的科技意识，缺乏系统的规划，应急科技就受不到足够的重视和扶持，应急科技就难以得到很好的发展，从长远来看，依然会严重制约应急救援水平的提高。

（二）应急科技投入不够

近些年来，应急投入逐年增加，不断加大，但是，仍不能弥补历史欠账及满足潜在的发展需要。面对重特大突发事件屡见不鲜，救援效率依然有待大幅提高的现实，必须加大科技投入力度。从硬件、软件两方面增加科技含量，切实用科技手段，提高救援的效率。

（三）基础理论研究成果少

任何工作，要不断成功，光靠“撞大运”是不行的，必须以正确的理论作指导，才能科学决策，不断成功。

应急工作是一项只能强化不能削弱、只能发展不能中断的长期性工作，因此，也同样需要符合应急科学原理与中国实际的科学理论作指导，努力避免工作中的失误，如若不然，就不可避免地要走弯路，甚至遭受重大挫折。当前，我们除了大力借鉴国外经验，符合应急科学原理与中国实际的科学理论，还是较少。

（四）应急装备水平总体落后

虽然，许多国产应急装备如防爆照明、磁压堵漏等都处于世界领先水平，但是数量很少，而像消防车、防化服、护目镜、呼吸器、监测仪等大量应急装备，从产品质量到产品性能，国产装备与国外的先进装备差距虽然大幅度缩小，但是总体尚显落后，还需进一步改进提高。

在这方面，从政府到企业都应给予高度关注，特别是政府要大力扶持，一方面是为满足眼下应急工作需要，另一方面也为未来创造一个新兴产业，巨大的经济总量、企业总量，飞快的经济发展速度，人们日益增长的生命安康需求，人们对美好生活的向往，都将产生巨大的应急装备需求，从而使得应急装备不可逆转地要成为一个新兴的巨大产业。

应急科技，在应急工作中的地位将越来越重要，大力发展应急科技，是一项具有重要现实意义与长远意义的战略性举措。

第五节 应急投入

一、应急投入的种类

根据投入对象，应急投入可分为物的投入和人的投入两大类。物的投入，包括基本的应急装备、应急技术开发和应急保障物资等；人的投入，包括应急机构的建立、专业人员的配备与教育培训等。

根据防范事故功能分类，应急投入分为事前主动投入和事后被动投入两大类。具体如图 4-3 所示。

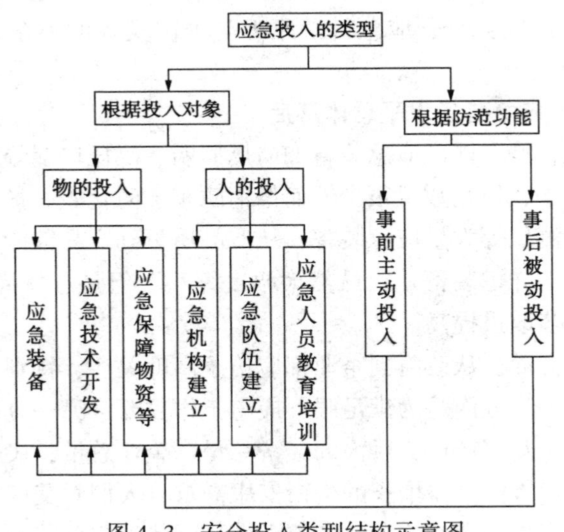

图 4-3 安全投入类型结构示意图

二、应急投入的特性

应急投入到位，应急工作就会顺利进行，应急救援能力就会得到保障，应急目标就会实现，不仅有力保护人民的生命安全与健康，而且，会创造良好的经济效益、生态效益和社会效益。

应急投入创造的效益具有不确定性、直接性、间接性、滞后性、隐形性、多效性、长效性、难以量化性 8 个特性。如图 4-4 所示。

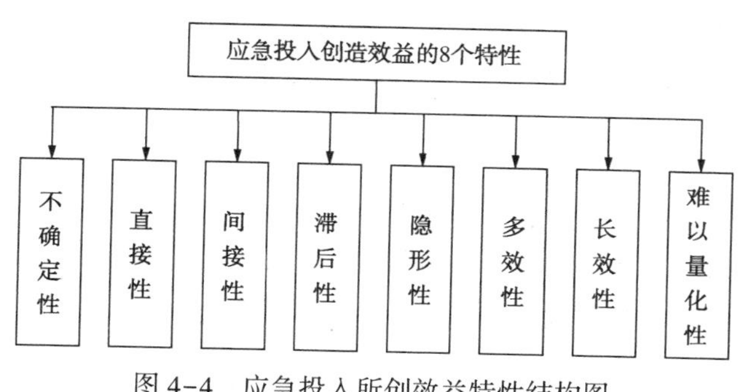

图 4-4　应急投入所创效益特性结构图

1. 不确定性

事故的发生时间不可预定，事故所造成的后果也不可量化。同样的事故原因，可以造成轻微的损失，也可能造成巨大的伤亡。应急投入，通过减少事故伤亡和经济上的损失所带来的效益明显存在，但其具体数值却是不确定的，可能巨大，也可能微小。

2. 直接性

通过应急投入，配置了先进的消防设备，使得突发火灾被成功处置，此时，在消防设备上投入，会直接创造巨大的经济效益，并通过减少事故造成的人员伤亡和财产的损失具体体现。

3. 间接性

对重大险情进行成功处置，避免事故的发生，使得生产活动没有受到中断。此时，应急投入通过避免事故造成的人员伤亡和财产损失的发生，提高了劳动效率，间接地创造了经济效益。

4. 滞后性

应急投入，不是在设备配置、宣传教育、技能培训等之后，就能很快见到效益，必须要经过对险情、事故的成功处置之后，才能见到良好的成效，因此，应急投入的成效往往是滞后的。

5. 隐形性

应急是生产安全顺利运行的保障手段。通过应急处置，险情得以消除，事故得以控制，生产得以恢复，保障了企业生产任务的完成和经营目标的实现，这里面就隐含了应急投入所创造的诸多效益。

6. 多效性

良好的应急能力，可以保障人员的健康，减少人员的伤亡，避免环境的破坏，保障社会稳定，因此，能创造良好的社会效益、生态效益和经济效益。

7. 长效性

对应急人员的专业培训、对应急装备的购置，应急技术的研发，会对企业的安全生产、员工的生命安全提供长期有效的保障。

8. 难以量化性

应急所创造的效益明显存在，不可否认。但是由于其通过事故的减少、生产的正常运行、人员伤亡的减少、劳动效率的提高等来实现，因此，很难定量化计算。

三、应急投入的具体操作

（一）应急投入的原则

1. 依法进行应急投入

要加强应急法制建设，从国情出发，制定明确的应急投入总体要求及具体规定，在此基础上依法进行应急投入。

2. 科学进行应急投入

应急投入越多，越有助于应急工作，但不能有助于经济的健康发展和社会的和谐发展。如果不考虑风险的可接受程度，不综合考虑事故的发生概率和后果，就可能出现远远高于法定标准的过度投入情形。过度的人力、物力、财力投入，很可能挤占流动资金，影响企业的投资与发展，有损经济的健康运行和社会的和谐发展。应急投入，必须综合经济发展、事故风险、运行成本等多种因素，用最少的投入，创造最大的效益。

3. 坚持主动投入

要在可能发生重大险情而尚未发生之前，就主动进行相关的应急投入，不要等到事故发生受到严重损害，吃到苦头再被动投入。

（二）应急投入的实施

应急投入，要理论联系实际，合理确定项目，并特别突出可操作性和实效性。

1. 物的投入

当前，物的投入，要结合实际，分层次进行：首先，要编制完善的应急预案；其次，是配置预案确定的应急装备；最后，是开发运用先进的应急技术。

2. 人的投入

人的投入，主要包括以下内容：

（1）成立专业机构。从国家、省、市、县要成立纵横成网的应急专业机构。

（2）成立专业队伍。要分危险化学品、矿山、石油等行业成立具有强大专业应急救援能力的应急队伍。

（3）配备专业人员及其教育培训。要选拔知识扎实，经验丰富，年龄、专业结构合理的人员进入到应急机构与队伍中去，同时，要加强所有应急人员的教育培训，使其具有良好的应急专业知识和专业应急技能，打造高质量的应急救援队伍。

（4）应急演练。要定期、分层次地进行应急演练，发现问题，改进提高，保证应急实战的成功和救援目标的实现。

（5）评比奖励。对在应急工作中，做出突出贡献的单位、集体、个人，要及时进行表彰奖励，大力弘扬不怕困难、不怕艰险、顾全大局、公而忘私、全力救援的精神，在全社会营造关心应急、支持应急、参与应急的良好氛围，促进应急工作的健康发展。

四、应避免的应急投入误区

1. 应急投入是成本，不是效益就不投

应急投入既是成本，更是效益，道理前面已经讲明。但是，若只认识到应急投入是成本，认识不到其创造的效益，就可能出现应急投入不是效益就不投的现象。

2. 重应急装备投入，轻员工教育培训

应急装备，是应急救援不可或缺的武器。但是，有了先进的应急装备，不能根据现场的各种情况，正确使用，发挥其最大的功能，那么，再好的应急装备，其功能也会大打折扣，甚至严重影响救援的效果。因此，必须加强员工教育培训，不仅会在正常条件下使用，要做到会检查、会使用、会维护、常见故障会排除，特别是在特殊情况下仍能高效使用。

3. 重长期正式员工，轻临时雇佣员工

一些企业对签订长期劳动合同的正式员工，舍得花钱培训，而对临时雇佣员工则很吝啬。不让煮熟的鸭子飞掉，是人之常情，但是，也应看到，没煮熟的鸭子也不好“吃”，如果让那些思想上的蛮干者，技术上的“二把刀”，想当然地进行事故应急，很可能越救事越大，得不偿失。因此，对临时雇佣员工也要一视同仁，加强应急培训，使其了解掌握基本的应急处置要领，会使用基本的如灭火器、呼吸器等器材。

第五章 应急管理体系建设

第一节 应急管理内涵

应急管理，是从应急准备、应急响应到应急恢复，对各类潜在险情、事故、事件应急救援所进行的全过程管理。也就是从事前、事中、事后对各类潜在险情、事故、事件应急救援所进行的全过程管理。

应急管理的内容包括6个有序发展、往复循环的阶段，即预防、准备、响应、结束、恢复、响应程序关闭，这6个阶段的内涵与循环特性，决定了应急管理是一个动态发展、闭环管理、不断改进提升的过程。应急管理动态闭环管理示意图如图5-1所示。

这6个阶段，应急预防体现了“预为上，救为下”的应急工作思想；应急准备是为具体的应急救援行动做准备，打基础；应急响应、应急结束、应急恢复、响应程序关闭，这是一个完整的应急救援实战过程，成功的应急救援，是应急管理的重要内容，也是应急管理的重要目标。

一、应急预防

（一）应急预防的含义

应急预防是从应急管理的角度，为预防事故发生或恶化而做的预防性工作。应急预防有两层含义：

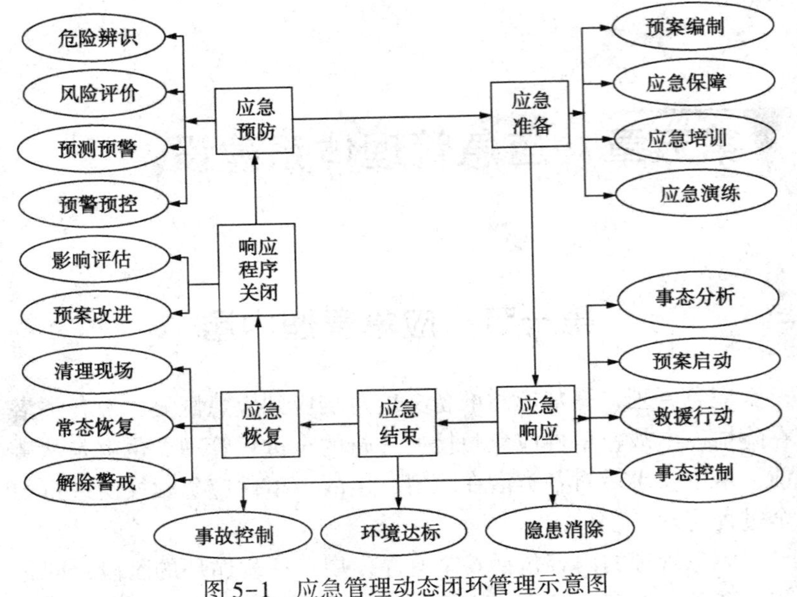

图 5-1　应急管理动态闭环管理示意图

（1）预防事故发生。

（2）假定事故发生，预先拟定要采取的措施，避免事故的恶化或扩大。

（二）应急预防的具体情形

应急预防具体包括以下 5 种情形：

（1）事先进行危险源辨识和风险分析，通过预测可能发生的事故、事件，事故采取风险控制措施，尽可能地避免事故的发生；

（2）深入实际，进行应急专项检查，查找问题，通过动态监控，预防事故发生；

（3）在出现事故征兆的情况下，及时采取控制措施，消除事故的发生；

（4）假定在事故必然发生的情况下，通过预先采取的预防措施，来有效控制事故的发展，减少事故造成的损失和事故造成的后果。

（5）从事前、事中、事后对各类事故的应急准备情况是否满足应急需要进行评估。

预防，是应急管理的首要工作。能把事故消除在萌芽状态，是应急管理的最高境界。在此阶段，任何突发险情都最易得到控制，花费的成本最小。在事故发生的情况下，预防性措施全面到位，将事故迅速控制，避免了事故的恶化或扩大，减少事故造成的人员伤亡、财产损失和社会影响，是应急管理的第二境界。

（三）应急预防的工作方法

应急预防的工作方法具体如下：

1. 危险辨识

危险辨识是应急管理的第一步。即首先要把本单位、本辖区所存的危险源进行全面认真的普查。

2. 风险评价

在危险源普查完成之后，就要理论结合实际，对所有危险源进行风险评价，从中确定可能造成不可接受风险的危险源，也即确定应急控制对象。

3. 预测预警

根据危险源的危险特性，对应急控制对象可能发生的事故进行预测，对出现的事故征兆及时发布相关信息进行预警，并采取相应措施，将事故消灭在萌芽状态。

4. 预警预控

假定事故必然发生，并将可能出现的情形事先告知相关人员进行预警，同时，将预防措施及相应处置程序（即应急预案的相应处置程序）告知相关人员，以便在事故发生之时，能有备而战，预防事故的恶化或扩大。

二、应急准备

针对可能发生的事故，为迅速、有序地开展应急行动而预先进行的组织准备和应急保障。

（一）应急准备的目的

应急准备的目的，就是通过充分的准备，满足事故征兆、事故发生状态下的各种应急救援活动的顺利进行，实现预期的应急救援目标。

（二）应急准备的内容

应急准备的内容，主要包括以下方面：①应急组织的成立；②应急队伍的建设；③应急人员的培训；④应急预案的编制；⑤应急物资的储备；⑥应急装备的配备；⑦应急技术的研发；⑧应急通信的保障；⑨信息渠道的建立；⑩应急预案的演练；⑪外部救援力量的衔接；⑫应急资金的保障；⑬其他。

（三）应急准备的工作方法

1. 预案编制

应急救援不能打无准备之战，应急准备的第一步，就是要编制应急“作战方案”，即应急预案。有了完善的“作战方案”，应急救援就等于成功了一半。

2. 应急保障

根据预案的要求，进行人力、物力、财力的准备，为应急救援的具体实施提供保障。应急保障，犹如为将帅准备作战地图、放大镜、望远镜、电话机，为士兵提供机关枪、手榴弹、防弹背心、防护头盔、急救包，只有指挥得力，弹药充足，避免、减少伤亡才能打胜仗。各项应急保障是否到位，对应急救援行动的成败起着至关重要的作用。

3. 应急培训

作战方案很好，武器装备也先进，财力也雄厚，是否就能胜仗呢？

否！

如果作战方案不能得到逐级落实，到了连、排班，就各自为战，再好的方案也会成为一片废纸；如果士兵不能了解武器装备的功能，也不能熟练运用，那么，武器装备有再多的“先进功能”又有何用？又怎能打胜仗呢？

应急救援如同战场作战。指挥者如果指挥错误，救援者如果不会用有毒气体监测器，应急救援要成功是不可能的。因此，必须对应急指挥人员、应急专业人员及其他应急相关人员，甚至包括相关的社会人员都要进行应急培训，确保做到指挥者会指挥得力，救援者熟练操作、被疏散者逃生科学。

4. 应急演练

应急演练是针对可能发生的事故，按照应急预案规定的程序和要求所进行的程序化模拟训练演练。

应急演练，可以验证应急救援物资装备是否充分、救援程序是否科学、救援操作是否正确等，从而可以发现应急救援预案存在的问题并及时加以修改，避免在实战中出现错误。贻误战机，或导致严重后果。与此同时，应急演练可以提高应急指挥人员的指挥水平、应急队伍的实战水平，能显著提高应急救援的效果。

应急演练，是实现应急救援目标——“作战意图”的重要保障，必须一丝不苟、不厌其烦地进行演练，以发现问题、纠正问题、熟练操作，大大提高应急救援能力。

三、应急响应

应急响应是在事故险情、事故发生状态下，在对事故情况进行分析评估的基础上，有关组织或人员按照应急救援预案所采取的应急救援行动。

（一）应急响应的目的

应急响应的目的，有两个：

（1）接到事故预警信息后，采取相应措施，化解事故与萌芽状态；

（2）事故发生之后，根据应急预案，采取相应措施，及时控制事故的恶化或扩大，并最终将事故控制并恢复到常态，减少人员伤亡、财产损失和社会影响。

（二）应急响应的工作方法

1. 事态分析

事态分析，即对事态进行全面考察、分析。事态分析包括两个主要内容：

（1）现状分析，即对事故险情、事故初期事态进行现状分析；

（2）趋势分析，即对险情、事故发展趋势进行预测分析。

通过对事态分析，得出事故的危险状况，为下一步采取相应的控制措施，特别是应急预案的启动提供决策依据。事态分析，是启动应急预案的必需条件。

2. 预案启动

根据事态分析结果，尽快采取措施，消除险情。若险情得不到消除，则要根据事态分析结果，得出事故危险等级，根据事故危险等级，迅速启动相应等级的应急预案。

3. 救援行动

预案宣布启动，即开始按照应急预案的程序和要求，有组织、有计划、有步骤、有目的地动用应急资源，迅速展开应急救援行动。

4. 事态控制

通过一系列紧张有序的应急行动，事故得以消除或者控制，事态不会扩大或恶化，特别是不会发生次生事故，具备恢复常态的基本条件。

应急响应可划分为两个阶段，即初级响应和扩大应急。初级响应是在事故初期，企业应用自己的救援力量，使事故得到有效控制。但如果事故的规模和性质超出本单位的应急能力，则应请求增援和扩大应急救援活动的强度，以便最终控制事故。

四、应急结束

当事故现场得以控制，环境符合有关标准，导致次生、衍生事故隐患消除后，经事故现场应急指挥机构批准后，现场应急救援行动结束。应急结束后，应明确：①事故情况上报事项；②需向事故调查处理小组移交的相关事项；③事故应急救援工作总结报告。

五、应急恢复

应急结束，特指应急响应的行动结束，并不意味着整个应急救援过程的结束。在宣布应急结束之后，还要经过后期处置，即应急恢复，使生产、工作、生活秩序得以恢复，预案得以完善改进，才算一次完整的应急救援行动正式结束。

应急恢复，是指在事故得到有效控制后，为使生产、工作、生活和生态环境尽快恢复到正常状态，针对事故造成的设备损坏、厂房破坏、生产中断等后果，采取的设备更新、厂房维修、重新生产等措施。

（一）应急恢复情形

应急恢复，从理论上讲，一般包括短期应急恢复如更换阀门、管线，及长期恢复如进行厂房重建两种情形。

在实际工作中，一般情况下，应急恢复是指短期恢复，即在事故得到彻底控制状态下，较短时间内所采取的恢复正常生产的行动，是应急结束前的收尾工作。长期恢复，一般属于应急结束后的灾后重建，特殊情况下，也可将潜在风险高的恢复性行动，一直作为应急恢复工作进行到应急救援结束。

（二）应急恢复的目的

应急恢复的目的，一是在事态得以控制之后，尽快让生产、工作、生活等恢复到常态，从根本上消除事故隐患，避免事态向事故状态演化；二是通过常态的迅速恢复，减少事故损失，弱化不良影响。

（三）应急恢复的工作方法

1. 清理现场

对事故现场进行清理，就是将事故现场的物品，该回收的回收，该作垃圾清除的进行垃圾外运，该化学洗消的进行化学洗消，最后达到现场物品分类处置、环保达标、干净卫生的要求。

2. 常态恢复

配合各方力量，使生产、生活、工作秩序恢复到常态。

六、信息发布与媒体应对

突发事件具有突发性、快速性、后果严重性，努力消除紧张、恐惧心理，避免出现社会恐慌现象，营造稳定良好的舆论氛围，对于应急救援行动的顺利开展，避免事件的恶化升级，具有非常重要的作用。如果因为信息不对称，而让虚假不实信息泛滥，谣传不止，就会让一个本属正常的突发事件演变成一个媒体过分关注的事件，最终导致事件的急剧恶化升级、蔓延扩张，甚至引发局部的社会动荡，这样的教训是很多的。为保障公众的知情权，最大限度地预防和减少突发事件的发生及其造成的危害，维护公共安全和社会稳定，必须对信息发布认识正确，做法到位。

（一）发布信息要注意的问题

1. 正确认识当前的传媒环境

正确认识当前的传媒环境，首先要认清，随着互联网技术的深化应用，我们已经迅速步入一个大众传媒高度发达、社会话语渠道很多、话语权非常分散的崭新时代。当前，许多舆论事件与突发事件相伴而生，相互影响，舆论引导稍有不慎，即可能引发"蝴蝶效应"，产生重大社会影响。因此，如何提高突发事件的舆论引导能力，是企业必须高度重视的环节。

近年来，互联网技术催生了以微博、微信等新技术为代表的新媒体，网络的无地域性、虚拟性、即时性和多极性，极大地突破了传统地以官方媒体为主导的事件传播模式，公众的话语权得到了最大程度的释放。海量的信息，传达着不同的表述、不同的观念，常常鱼龙混杂，真假难辨，无论对于错，都具有突出的放大效应。必须因势利导，充分发挥其积极作用。如果当事单位不能通过官方平台第一时间发布正确的信息，一旦听凭公众臆测信息的泛滥，那么，事情很可能就被误读，一旦被别有用心的利用，后果将更加严重。

在正确认识媒体环境发生变化的情况下，一定要端正心态，即要主动适应大众传媒高度发达的特性，并积极主动的调整应对的方法，把新闻作为搞好工作的一个好帮手。

2. 反应要迅速，发布要公开

突发事件发生后，要在第一时间安排专人进行信息的搜集、整理，并以最快的时间予以新闻发布，努力抢得新闻首发的机会。谁抢得了新闻首发的机会，谁就获得了新闻第一定义权，也就牢牢把握控制舆论导向的主动权。发布的越快越早越公开，越能表明光明磊落，正确对待的处置心态，从而获得社会的认可，控制舆论导向的主动权也就越大。

必须顺应新时代信息即时传播的特征，应对网络媒体，应遵循“黄金三原则”，即如果有负面新闻，三分钟之内，就要有另一面的帖子跟上；三小时之内，要有具体的措施出台；三天之内，要有正式处理结果出来。面对网络媒体，不要试图去控制舆论，要学会去引导舆论，更不能欺骗舆论。不要把门关起来，最好的办法是把门打开，告诉媒体，有这样的事、有这样的人，我们正按照相应程序在调查处理，欢迎报道、监督。人的好奇心都是因为关门而引起的。

在信息发布的同时，要考虑信息发布的及时性，就往往难以兼顾信息内容的丰富性，对此，可以坚持“快报事实，慎报原因”的原则，避免忙中出错。

3. 信息要真实，实话实说

信息发布最重要的原则是要讲真话，动真情。要根据事件的即有事实真相进行信息发布。如果隐瞒或歪曲事实真相，那么，再及时的信息发布也只能起到负面作用。常言道：一言既出，驷马难追。一旦谎言被揭穿，造成的后果，那是用百倍、千倍的努力也难以挽回的。

同时，对于重特大事故灾难，在信息发布的同时，要有人之常情，多存怜悯之心，体恤之情，该同情的同情，该道歉的道歉，不能随意应付。

4. 发布设专人，口径要一致

突发事件信息发布应实行总指挥负责制，设立专门的信息发布人(新闻发言人)，所有的信息必须经指挥部讨论通过，并经救援总指挥签署方可发布，体现统一领导、口径一致、分级负责的原则。

5. 内容要全面，过程要完整

信息发布的内容要全面，尽可能地体现事件发生过程、救援进展、发展趋势的全貌，主要包括事件类别、发生的时间和地点、损失情况、相关措施、影响范围、警示事项、事态发展、下一步工作措施、咨询电话等。

这里讲的内容要全面，并不是深入细致，主要目的是把公众应该知道、最想知道的内容主动进行全面而非零碎化告知，在让公众满意的同时，也让他们看到信息公开和应急处置的诚意。

(二) 信息发布原则

总结上述有关内容，信息发布必须下列原则：

(1) 信息发布应及时、准确、客观、全面；

(2) 不得编造、传播有关突发事件事态发展或者应急处置工作的虚假信息；

(3) 不隐瞒事实和误导媒体；

(4) 不允许未经授权的人员发布信息；

(5) 各媒体信息获取机会均等。

(三) 信息发布渠道与形式

(1) 信息发布渠道主要通过广播、电视、报刊、互联网等进行。

(2) 信息发布形式主要包括授权发布、散发新闻稿、组织报道、接受记者采访、举行新闻发布会。

(3) 必要时，可以采用手机短信、电子显示屏、有线广播、宣传车或组织人员通知等方式，对老、幼、病、残、孕等特殊人群以及医院、学校等特殊场所和警报盲区，应当采取有针对性的公告方式。

(四) 应对媒体技巧

应对媒体，掌握以下几点技巧：

(1) 讲话要精练。把要讲的话归纳成几个方面。“言多必失”“祸从口出”，要少说为妙。

(2) 表达要通俗。语言表达要通俗，要适合受众的需要，用群众语言、读者能看得懂的语言。

(3) 结论要拿准。有时会遇到有的问题你真的不知道答案，不好回答，有的问题你虽知道答案，但因种种原因，你不能回答。要用委婉的语言为自己解围，把自己想说的话说出来，不想说的话怎么也不说。

(4) 大度不发火。有些记者在采访时，并不能真正地接触到自己想要的东西，这时，他们就会制造新闻，通过一些提问来惹你发火，让他抓住一点，产生新闻。对于记者的任何提问，要保持平和的心态，千万不能认为记者在为难你，而产生火气。

(5) 说话不说绝。世上没有放之四海而皆准的真理，因此，在结果没有出来之前，绝对不能轻易判断，把话说绝，授人以柄。与记者打交道，永远不要说永远，绝对不要说绝对。

(6) 说话讲科学，坚决不预测。对于事态发展的描述，必须有科学数据做支持，而且可用事实验证的，让人切实感觉到每一步都在自己的掌控之中，这样就会把握控制舆论导向的主动权。千万不要预测，因为，你预测正确了，群众不会给你加分；你预测错误了，将导致不可预见的问责。在接受媒体采访时，应尽量与媒体谈论正在做或已经做的工作，不要谈未来。

七、应急响应关闭

应急恢复阶段完成之后，还须做以下两项工作，应急响应程序才能关闭：

1. 影响评估

组织相关人员从人员伤亡、经济损失、环境影响、社会影响等方面，对事故影响进行分析评估。

2. 预案评审与改进

为了保证应急预案的有效性、高效性，应急救援行动结束，应对应急救援预案从应急指挥、应急职责、救援方法、救援操作等方面进行全面评审，对错误项进行改正，对不合理项进行修正，对不足项进行完善，通过这些改进完善，使得预案更合理、更科学、更符合实际、更有可操作性，提高应急救援能力与效果。

第二节　应急管理体系构成

一、应急管理的指导思想

坚持“生命至上、安全第一”，全面落实科学发展观和构建社会主义和谐社会的重要战略思想，坚持“安全发展”的指导原则和“安全第一、预防为主、综合治理”的方针，充分吸收借鉴国内外的成熟经验和先进成果，从国情现状和安全生产的现实出发，统筹考虑中长期发展规划，根据轻重缓急，有计划、有步骤地加强应急救援体制、机制、法制、队伍和装备建设，推动安全生产应急管理工作的全面加强，通过建立运行良好的应急管理体系和较高应急救援水平的应急救援体系，切实提高全社会预防和处置安全生产事故灾难的能力，最大限度地减少人员伤亡和财产损失，为保障国家和人民生命财产安全，保障社会政治稳定，实现全国安全生产形势的进一步稳定好转，国民经济的持续、快速、协调、健康发展和构建社会主义和谐社会做出贡献。

二、应急管理的框架构想

（1）加强应急预案体系建设，构建覆盖各地区、各部门、各生产经营单位的预案体系；

（2）建立健全统一管理、分级负责、条块结合、属地为主的安全生产应急管理体制；

（3）建立健全国家、省、市（地）三级安全生产应急救援指挥机构及国家、区域、骨干专业应急救援队伍体系；

（4）构建统一指挥、反应灵敏、协调有序、运转高效的安全生产应急管理机制；

（5）建立健全安全生产应急管理法规、标准、信息平台体系和支撑保障体系；

（6）创建政府统一领导，部门协调配合，企业自主到位，社会共同参与的安全生产应急管理工作格局。

三、应急管理工作原则

（一）《国家突发公共事件总体应急预案》确定的工作原则

1. 以人为本，减少危害

切实履行政府的社会管理和公共服务职能，把保障公众健康和生命财产安全作为首要任务，减少突发公共事件及其造成的人员伤亡和危害。

2. 居安思危，预防为主

高度重视公共安全工作，常抓不懈，防患于未然。增强忧患意识，坚持预防与应急相结合，常态与非常态相结合，做好应对突发公共事件的各项准备工作。

3. 统一领导，分级负责

在党中央、国务院的统一领导下，建立健全分类管理、分级负责，条块结合、属地管理为主的应急管理体制，在各级党委领导下，实行行政领导责任制，充分发挥专业应急指挥机构的作用。

4. 依法规范，加强管理

依据有关法律和行政法规，加强应急管理，维护公众的合法权益，使应对突发公共事件的工作规范化、制度化、法制化。

5. 快速反应，协同应对

加强以属地管理为主的应急处置队伍建设，建立联动协调制度，充分动员和发挥乡镇、社区、企事业单位、社会团体和志愿者队伍的作用，依靠公众力量，形成统一指挥、反应灵敏、功能齐全、协调有序、运转高效的应急管理机制。

6. 依靠科技，提高素质

加强公共安全科学研究和技术开发，采用先进的监测、预测、预警、预防和应急处置技术及设施，充分发挥专家队伍和专业人员的作用，提高应对突发公共事件的科技水平和指挥能力，避免发生次生、衍生事件；加强宣传和培训教育工作，提高公众自救、互救和应对各类突发公共事件的综合素质。

(二)《国家安全生产事故灾难应急预案》确定的应急工作原则

1. 以人为本，安全第一

把保障人民群众的生命安全和身体健康、最大限度地预防和减少安全生产事故灾难造成的人员伤亡作为首要任务。切实加强应急救援人员的安全防护。充分发挥人的主观能动性，充分发挥专业救援力量的骨干作用和人民群众的基础作用。

2. 统一领导，分级负责

在国务院统一领导和国务院安委会组织协调下，各省(区、市)人民政府和国务院有关部门按照各自职责和权限，负责有关安全生产事故灾难的应急管理和应急处置工作。企业要认真履行安全生产责任主体的职责，建立安全生产应急预案和应急机制。

3. 条块结合，属地为主

安全生产事故灾难现场应急处置的领导和指挥以地方人民政府为主，实行地方各级人民政府行政首长负责制。有关部门应当与地方人民政府密切配合，充分发挥指导和协调作用。

4. 依靠科学，依法规范

采用先进技术，充分发挥专家作用，实行科学民主决策。采用先进的救援装备和技术，增强应急救援能力。依法规范应急救援工作，确保应急预案的科学性、权威性和可操作性。

5. 预防为主，平战结合

贯彻落实“安全第一，预防为主”的方针，坚持事故灾难应急与预防工作相结合。做好预防、预测、预警和预报工作，做好常态下的风险评估、物资储备、队伍建设、完善装备、预案演练等工作。

（三）各级地方政府、企业应急工作原则

《国家突发公共事件总体应急预案》《国家安全生产事故灾难应急预案》所确定的工作原则，是宏观要求，各级地方政府、企业应以坚持更高标准、更加实用的原则，结合实际，将应急工作进行细化、具体化。笔者总结出以下 10 条原则，以供优选。

1. 生命至上、安全第一

把保障人民群众的生命安全和身体健康作为应急工作的出发点和落脚点，最大限度地减少突发事故、事件造成的人员伤亡和危害。

不断改进和完善应急救援的装备、设施和手段，切实加强应急救援人员的安全防护和科学指挥。

2. 科学规范，提高素质

制定、修订应急预案要充分发挥各方面的力量，尤其是专家的作用，实行科学民主决策，采用先进的预测、预警、预防和应急处置技术，提高预防和应对突发事故的科技水平，提高预案的科技含量。

预案要符合有关法律、法规、规章，与相关政策相衔接，确保应急预案的全局性、规范性、科学性和可操作性。

充分发挥人的主观能动性，充分依靠各级领导、专家和群众，充分认识社会力量的基础性作用，建立健全组织和动员人民群众参与应对突发公共事件的有效机制。

加强宣传和培训教育工作，提高公众自救、互救和应对各类突发事件的综合素质。

3. 统一领导，分级管理

国务院统一领导全国安全生产应急管理和事故灾难应急救援协调指挥工作，地方各级政府统一领导本行政区域内的安全生产应急管理和事故灾难应急救援协调指挥。

国务院安委会办公室、国家安全生产应急救援指挥中心，负责全国安全生产应急管理和事故灾难应急救援协调指挥的具体工作。

国务院有关部门所属各级应急救援指挥机构、地方各级安全生产应急救援指挥机构分别负责职责范围内的安全生产应急管理工作和事故灾难应急救援协调指挥的具体工作。

企业认真履行安全生产责任主体的职责，建立安全生产应急预案和应急机制。

按照分级管理、分级响应和条块结合、以块为主的原则，落实各级应急响应的岗位责任制，明确责任人及其指挥权限。

4. 条块结合，属地为主

有关行业和部门应当与地方政府密切配合，按照属地为的原则，进行应急救援体系建设。

各级地方人民政府对本地区的安全生产事故灾难应急救援负责，要结合实际情况建立完善安全生产事故灾难应急救援体系，满足应急救援工作需要。

国家依托行业、地方和企业骨干救援力量在一些危险性大的特殊行业、领域建立专业应急救援体系，发挥专业优势，有效应对特别重大事故的应急救援。

5. 统筹规划，合理布局

根据产业分布、危险源分布、事故灾难类型和有关交通地理条件，对应急指挥机构、救援队伍和应急救援的培训演练、物资储备等保障系统的布局、规模和功能等进行统筹规划，形成覆盖事故多发地区、事故多发领域分层次的安全生产应急救援队伍、装备保障体系，以便在事故发生时能及时、快速、高效地实施应急救援。

6. 依托现有，资源共享

以企业、社会和各级政府现有的应急资源为基础，对各专业应急救援队伍、装备、物资和培训演练等系统进行合理补充、优化整合，建立有效机制，实现资源共享，避免资源浪费和重复建设。要按照轻重缓急的原则，分期分批，抓紧建设，尽快投入运行。

7. 一专多能，平战结合

尽可能在既有专业救援队伍的基础上，加强装备配备和其他专业培训，做到一专多能。发挥经过专门培训的兼职应急救援队伍的作用，鼓励各种社会力量参与应急救援。

应急救援队伍，要坚持“平时搞防范，战时搞救援”的原则，平时时刻做好应对灾难的思想准备、物资准备、经费准备，加强培训与演练，到灾难发生之时，招之即来，来之能战，战之能胜。

8. 功能实用，技术先进

应急救援体系，以能够实现及时、高效地开展应急救援为出发点和落脚点，根据应急救援工作的现实和发展的需要，建立高效的应急指挥系统，编制科学完整、简单实用、可操作性的应急预案，努力采用国内外的先进技术、先进装备，保证应急救援体系的先进性和实用性。

9. 快速反应，协同应对

应急预案的制定和修订是一项系统工程，要明确应急处置的牵头部门或单位，其他有关部门和单位要主动配合、密切协同、形成合力；要明确各有关部门和单位的职责和权限；涉及关系全局、跨部门、跨地区或多领域的，预案制定、修订部门要主动协调有关各方；要确保信息及时准确传递，应急处置工作反应灵敏、快速有效。

加强以属地管理为主的应急处置队伍建设，建立联动协调制度，充分动员和发挥乡镇、社区、企事业单位、社会团体和志愿者队伍的作用，依靠公众力量，形成统一指挥、反应灵敏、功能齐全、协调有序、运转高效的应急管理机制。

10. 借鉴国外经验，充分考察国情

先进的，不一定是适用的。对国外的应急救援经验与成果，可以大力借鉴，不能照搬照抄，要在认真借鉴国外应急救援经验的基础上，深入研究我国国情，特别从体制、法制、经济势力等方面详细考察，从而建立符合我国国情、先进而又适用的应急救援体系。

四、国家突发公共事件分类分级

《国家突发公共事件总体应急预案》将突然发生，造成或者可能造成重大人员伤亡、财产损失、生态环境破坏和严重社会危害，危及公共安全的紧急事件，根据其发生过程、性质和机理，突发公共事件主要分为以下四类。

1. 自然灾害

主要包括水旱灾害、气象灾害、地震灾害、地质灾害、海洋灾害、生物灾害和森林草原火灾等。

2. 事故灾难

主要包括工矿商贸等企业的各类安全事故，交通运输事故，公共设施和设备事故，环境污染和生态破坏事件等。

3. 公共卫生事件

主要包括传染病疫情，群体性不明原因疾病，食品安全和职业危害，动物疫情，以及其他严重影响公众健康和生命安全的事件。

4. 社会安全事件

主要包括恐怖袭击事件，经济安全事件和涉外突发事件等。

各类突发公共事件按照其性质、严重程度、可控性和影响范围等因素，一般分为四级：Ⅰ级(特别重大)、Ⅱ级(重大)、Ⅲ级(较大)和Ⅳ级(一般)。

必须注意：上述四类突发公共事件，并不是相互孤立的，而是相互影响甚至关系密切的。譬如，地震、海啸、飓风等自然灾害，可能直接引发装置倒塌、火灾、爆炸等重大安全生产事故，自然灾害因此次生各种各样的事故灾难。安全生产应急救援必须对此予以高度重视，对潜在的风险进行全面考察。而不能仅按照上述分类，忽略了自然灾害、社会安全事件对安全生产的影响。

五、安全生产应急管理体系建设的框架设计

一个完整的应急管理体系应由组织体系、运行机制和应急保障系统 3 个部分构成。

1. 组织体系

组织体系，包括领导决策、管理与协调指挥、应急队伍等组成。

2. 运行机制

系统、科学、规范的运行机制，是保证应急体系高效运转、应急救援行动准确、实现应急救援目标的重要保障。具体包括以下两个方面的内容：

(1) 应急管理机制

主要包括业务管理、信息管理、预案管理、队伍管理、培训演练等。

（2）应急响应机制

主要包括报警与接警、协调与指挥、现场应急处置、公众动员等。

3. 应急保障系统

要保证组织体系按照既定的响应机制开展应急救援工作，最终保障应急目标的实现，需要大量应急资源来保障，主要包括：通信与信息保障、人力资源保障、法制体系保障、技术支持保障、物资装备保障、培训与演练保障、应急经费保障。

第六章 应急救援体系建设

第一节 应急救援体系构成

一、应急救援的原则

应急救援的情形复杂，内容繁多，但是总体应坚持以下原则。

1. 生命至上，科学救援

无论事故可能造成多大的财产损失，都必须把保障人民群众的生命安全和身体健康作为应急工作的出发点和落脚点，最大限度地减少突发事故、事件造成的人员伤亡和危害。在救援过程中，必须牢固树立科学救援的思想，任何一项决策都要慎重，特别是重大决策必须由专家会商，不能想当然，冒险蛮干，引发次生事故。近些年来，因施救措施不当，造成救援人员死亡的现象屡见不鲜，在受限空间专业遇险的救援更为突出。因救援不当造成救援人员伤亡的现象必须坚决避免。

2. 统一指挥，协同应对

统一指挥，步调一致，是应急救援的最基本原则。无论应急救援涉及单位的行政级别高低、隶属关系是否相同，都必须按照预案的要求，在指挥部的统一组织指挥下协调运行。做到号令统一，协同应对。

3. 属地管理，分级响应

因为只有本企业、本地区对事发地的地理情况、气候条件、事故情况等信息了解得最直接、最清楚，也能以最快的速度地到达现场进行救援，并就近灵活调动各种应急资源，因此，坚持属地管理的原则，会最快速、最合理地进行初期救援。

与此同时，无论企业，还是地方政府，都须坚持分级响应的原则。分级响应，主要是合理提高应急指挥级别、扩大应急范围、增加应急力量。分级响应，有利于节省应急资源，降低救援成本，弱化不良社会影响。

4. 快速反应，合力攻坚

因为事故具有突发性，快速蔓延性，因此，在事发初期，应急行动早开始一秒，就多一分主动，这就要求接到报警必须快速行动。

同时，应急救援涉及装置操作、消防灭火、医疗救治等各种操作，是一件涉及面广、专业性的工作，必须依靠各种救援力量的密切配合，合力攻坚，救援行动才能有序、高效，如果单打独斗，不仅不利于应急救援的成功，而且，可能造成事故的恶化和扩大。

5. 保护环境，减少污染

危险化学品泄漏、火灾、爆炸事故，极易对大气、土壤、水体造成污染，对大气造成的污染常规情况下，会很快随大气流动而化解，但是，若是剧毒化学品、重金属对水体、土壤造成污染，要消除污染则非常之难，不仅要花费巨大的资金成本，而且要付出巨大的时间成本和社会成本，因此，对于危险化学品事故应时刻从环境保护的角度，尽一切可能减少污染，特别是减少对水体、土壤的污染。

6. 依靠预案，灵活处置

应急救援体系，以能够实现及时、高效地开展应急救援为出发点和落脚点，根据应急救援工作的现实和发展的需要，建立高效的应急指挥系统，编制科学完整、简单实用、可操作性的应急预案，努力采用国内外的先进技术、先进装备，保证应急救援体系的先进性和实用性。应急预案是救援行动的重要决策依据，但是，由于预案不可能穷尽一切事故灾难情形，因此，必须依据石化危险特性和处置原理，进行灵活处置。

二、 应急救援体系的内容

一个完整的应急救援体系，应该保证一定的指挥机构，采用有效的方式组织相应的人员运用一定的物资装备，按照科学的程序、明确的要求，进行及时有效的应急救援。因此，一个完整的应急救援体系的内容与建立如下：

1. 应急预案

应急预案，是应急救援体系的核心文件，是确保应急救援成功的“作战方案”。要建立科学的应急救援体系，首先必须编制完善的应急救援预案，有了完善的应急救援预案，各项工作就会科学有序地开展。

2. 指挥机构

统一指挥，步调一致，协调应对，是应急救援的重要原则。因此，在编制完成应急救援预案之后，就应根据不同的响应级别，明确相应的应急指挥机构。

应急指挥机构，包括企业、政府两个层面，每个层面又须按响应级别进行分级。

3. 应急人员

如果把应急救援行动，当作一次“战斗”的话，那么，要“战斗”就必须有“将”、有“帅”、有“士兵”。应急人员就是应急行动的“将、帅、士兵”。

这些应急“将、帅、士兵”，包括应急指挥人员，专业应急救援队伍，还包括现场应急处置人员，还包括社会兼职应急人员，应据需而备。

4. 行动程序与要求

打仗要有章法，应急要讲程序。应急行动的程序与要求，是应急预案的重要内容，也是应急体系的核心内容。明确应急行动的程序和要求，是应急行动成败的关键。

5. 应急物资与装备

部队打仗要用枪，遇河要架桥。应急救援也是如此，必须根据预案要求，针对可能的事故处置需要，配备充足实用的专用应急救援装备，储备相关的应急救援物资，以便遇火能灭，遇门能破，遇高能攀，高效救援。

6. 通信与信息保障

信息的及时沟通，对于事故的应急指挥与实际行动往往起着决定性的作用。如果事故现场的信息不能及时传送到指挥部，指挥就失去了决策依据，反过来，如果指挥信息不能及时传达到应急人员，应急行动就可能群龙无首，各自为战，甚至盲目应对。所有这些，都会降低救援的效果，甚至造成事故的恶化和扩大。因此，必须建立有力的通信与信息网络，保证应急信息的畅通，提高救援的效果。

7. 外部力量援助

许多事故的成功处置，仅仅依靠本企业、本地区的力量，难以完成。这就必须依靠外部力量的援助。事故的后果永远是不确定的，而且是不重复的。一个预案体系，只考虑本企业、本地区的救援力量，不考虑外部力量的支持，永远是不完整的。应急救援体系运行图如图 6-1 所示。

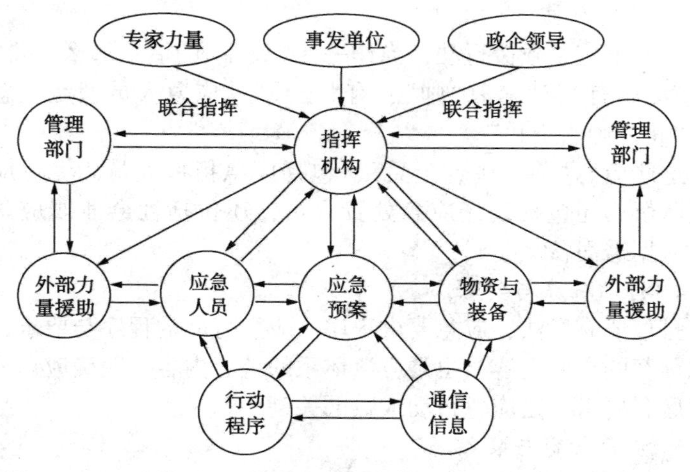

图 6-1　应急救援体系运行图

第二节 应急预案体系

应急预案，是针对可能发生的事故，为迅速、有序地开展应急行动而预先制定的行动方案。这一行动方案，针对可能发生的重大事故及其影响和后果严重程度，为应急准备和应急响应的各个方面预先作出详细安排，明确了在突发事故发生之前、发生之后及现场应急行动结束之后，谁负责做什么、何时做、怎么做，是开展及时、有序和有效事故应急救援工作的行动指南。企业都要有应急预案，并做到所有重大危险源和重点工作岗位都有专项应急预案或现场处置方案，必须做到安全生产应急预案全覆盖。同时要切实提高安全生产应急预案质量，具有良好的针对性、可行性、科学性，而且要做好安全生产应急演练和培训工作。

由于预案编制与管理本丛书另有专册详解，以下只对相关重要内容进行简述，其他详见本丛书专册。

一、应急预案的作用

应急预案在应急救援中的突出重要作用主要如下：

（1）应急预案明确了应急救援的范围和体系，使应急准备和应急管理有据可依、有章可循、遇险不乱、有备而战，为及时、有序、科学开展应急行动提供了根本保障。

（2）制定应急预案，能够将政府、企业应急指挥人员、应急救援人员的应急职责以“法定”的形式固定下来，不仅可以提高大众风险防范意识，而且，可以提高大众应急责任意识，使应急工作得到充分重视，良好开展。

（3）制定应急预案，可以保障应急物资的储备、应急装备的配备、应急保障体系的建立得到充分保障，从而保障了应急救援的成功进行。

（4）迅速行动，措施科学，有备而战，会大大提高应急救援水平，最大限度地避免、减少人员的伤亡和财产损失，减轻不良的社会影响，大大降低事故后果。

（5）最大限度地保障国家和人民的生命财产免受损失，对于弘扬生命至上、安全第一思想，构建和谐社会具有重要的促进作用。

二、 应急预案的基本构成

应急预案，是针对各级各类可能发生的事故和所有危险源制订就应急方案，必须考虑事前、事发、事中、事后的各个过程中相关部门和有关人员的职责，物资、装备的储备、配置等方方面面的需要。

概括起来，主要包括六个基本要素：①方针与原则；②应急策划；③应急准备；④应急响应；⑤应急恢复；⑥预案改进。上述6个基本要素，是编制应急预案的最基本因素，也可以说是一级要素，构成了应急预案编制的基本程序和编制框架。在每一个基本要素之下，都可以根据实际情况细分为二级、三级要素。如图6-2所示。

三、 应急预案的分类

1. 按照行政区域划分

按照行政区域划分，应急预案可分为国家、省、市、区、县及企业应急预案。

2. 按照事件分类划分

《国家突发公共事件总体预案》将突发公共事件分为自然灾害、事故灾难、公共卫生事件、社会安全事件四类。每一类突发公共事件下面分别编制专项预案。如为了规范事故灾难类突发公共事件的应急管理和应急响应程序，及时有效地实施应急救援工作，减少人员伤亡、财产损失，维护人民群众生命财产安全和社会稳定。

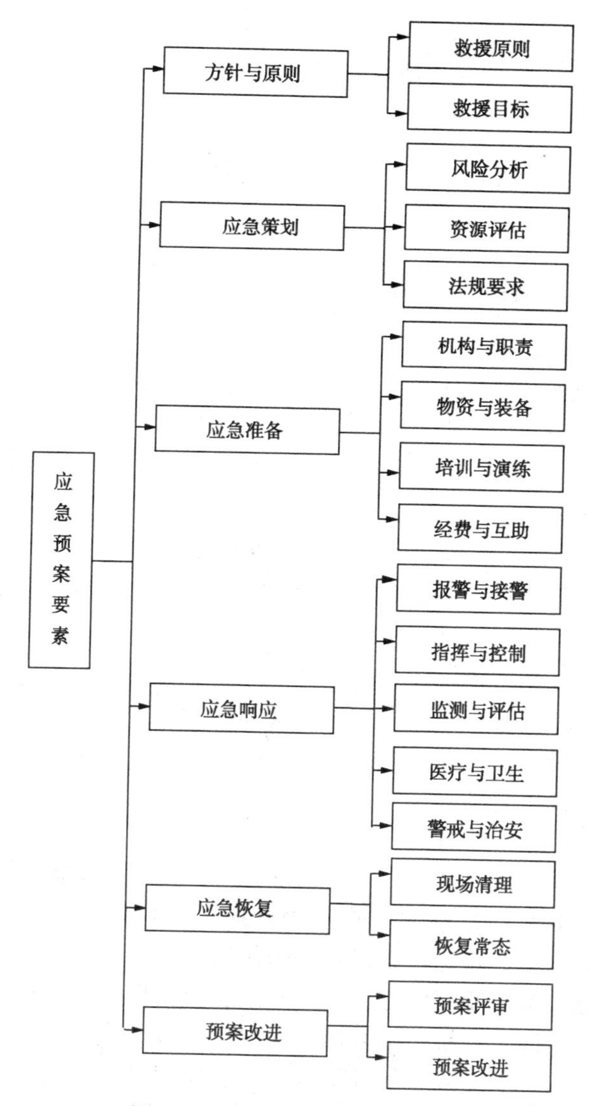

图 6-2 应急预案要素分解图

3. 按照预案层级划分

应急预案按照预案层级，可分为综合应急预案、专项应急预案和现场处置方案。

4. 按照管理层级划分

根据企业管理层级，可分为集团公司、分公司、厂(处)等不同层级的预案。

四、 预案培训与演练

应急救援预案编制完成，并经评审发布后，即具备了应急救援的“作战方案”。具备了良好的应急救援“作战方案”，就为应急救援行动的成功提供了根本保障。

但是，仅有良好的应急救援“作战方案”，并不能保证相关政府、企业、个人对突发重大险情、事故、事件进行有效响应。因为突发险情、事故、事件，往往发展迅速，应急救援，刻不容缓，不允许也不可能让指挥人员、应急处置人员现场拿着“应急预案”照本宣科，逐条对照操作。

应急人员只有对自己的应急职责及应急操作要求熟稔于心，面对突发危险，才能从容沉稳，处变不惊，果敢行动，发现意外，灵活应对，从而保障应急救援行动的有序、高效开展，圆满实现应急救援的目标。

如若不然，就可能手忙脚乱，死搬教条，打慢仗、慢打仗；打乱仗、乱打仗，结果只有一败涂地。让完美的救援方针与原则成了有用的废话，科学的响应程序成了无用的真理，费心、费力、费财编制的应急预案成了一个好看的摆设。

应急人员要职责清楚，操作熟练，灵活应对，正确处置，就必须通过全面、系统、反复的应急培训，并在应急演练与实战中熟悉技能，积累经验，不断提高应急救援水平。因此，应急培训与演练，对于应急机构、人员灵活按照应急救援“作战方案”进行救援，圆满实现应急救援目标，至为重要。

预案培训与演练是救援人员熟练应急技能，提高应急处置能力的重要手段。企业要建立应急演练制度，每年都要结合本企业特点至少组织一次综合应急演练或专项应急演练；高危行业企业每半年至少组织一次综合或专项应急演练；车间(工段)、班组的应急演练要经常化。演练结束后要及时总结评估，针对发现的问题及时修订预案、完善应急措施。在搞好预案演练的同时，加强应急培训，提高企业各级管理人员和全体员工的应急意识和应急处置、避险、逃灾、自救、互救能力。

应急培训永无止日，应急演练与预案完善永无止境。

第三节　应急装备体系

高效处置事故，化险为夷，尽可能地避免、减少人员的伤亡和经济损失，是应急救援的核心目标。

在险情突发之时，如果监测装备、控制装备能够及时投用，消除险情，避免事故，就可从根本上消除避免人员的伤亡。

事故初发期，高效的应急救援装备，会将事故尽快予以控制，避免事故恶化，在避免、减少人员伤亡的同时，也会有效避免财产损失。譬如，成功处置了易燃易爆管线、容器的泄漏，避免了火灾爆炸事故的发生，不仅能避免人员的伤亡，同样也会使设备、装备免受损害，避免造成重大的财产损失，避免企业赖以生存的物质基础受到破坏。

险情、事故的多样性、复杂性，决定了在应急救援行动中必须使用大量种类不一的战时应急救援装备。如发生火灾，要使用灭火器、消防车；发生毒气泄漏，要使用空气呼吸器、防毒面具；发生停电事故，要使用应急照明；管线穿孔，易燃易爆物质泄漏，必须立即使用专业器材进行堵漏；等等。如果没有专业的应急救援装备，火灾将得不到遏制，泄漏将无法控制，抢险人员的生命将得不到保障，低下的应急救援能力将使事故不断升级恶化，造成难以估量的恶果。

工欲善其事，必先利其器。应急救援装备，是应急救援人员的作战武器，对应急救援的成败起着举足轻重的作用。要提高应急救援能力，保障应急救援工作的高效开展，迅速化解险情，控制事故，就必须为应急救援人员配备专业化的应急救援装备。只有对应急物资装备充分了解，正确选择，充分储备，方能在险情到来之时，攻无不克，战无不胜。

因此，企业必须大力加强安全生产应急救援装备体系建设。要针对本企业事故特点加大应急救援装备及物资储备力度，尤其是重点工艺流程中应急物料、应急器材、应急装备和物资的准备，满足企业应急救援的需要。

由于应急装备本丛书另有专册详解，以下只对相关重要内容进行简述，其他详见本丛书专册。

一、应急装备种类

应急救援装备种类繁多，功能不一，适用性差异大，可按其适用性、具体功能、使用状态进行分类如下。

1. 按照适用性分类

急装备的种类很多。有的适用性很广，有的则具有很强的专业性。一般可将应急装备分为一般通用性应急装备和特殊专业性应急装备。一般通用性应急装备主要包括，个体防护装备，如呼吸器、护目镜、安全带等；消防装备，如灭火器、消防锹等；通信装备，如固定电话、移动电话、对讲机等；报警装备，如手摇式报警、电铃式报警等装备。特殊专业性应急装备，因专业不同而各不相同，可分为消火装备、危险品泄漏控制装备、专用通信装备、医疗装备、电力抢险装备等。具体会细分很多小类。

2. 按照具体功能分类

根据应急救援各种装备的具体功能，可将应急救援装备分为预测预警装备、个体保护装备、通信与信息装备、灭火抢险装备、医疗救护装备、交通运输装备、工程救援装备、应急技术装备等八大类及若干小类。

3. 根据使用状态分类

根据应急救援装备的使用状态，应急救援装备可分为日常应急救援装备和战时应急救援装备两类。

二、 应急装备体系

应急救援对象及其发生事故情形的多样性、复杂性，决定了应急救援行动过程中要用到各种各样的装备，各种各样的装备必须相互组合，配合使用。这种应急救援装备的多样性、组合性，决定了应急救援装备的系统性。每一次应急救援行动，无论大小，都须有一个应急救援装备体系作保障。

根据应急救援各种装备的具体功能，应急救援装备体系示意图如图 6-3 所示。

第四节 应急队伍体系

近些年来，国家大力加强危险化学品应急救援队伍体系建设，《国务院安委会办公室关于贯彻落实国务院〈通知〉精神进一步加强安全生产应急救援体系建设的实施意见》(安委办〔2010〕25 号)、《国务院安委会关于进一步加强生产安全事故应急处置工作的通知》(安委〔2013〕8 号)等都对此提出了明确的建设要求。目前，我国危险化学品应急救援队伍主要以由安监部门指导建设的企业应急救援队伍为主，公安消防部门建设为辅。

一、 企业应急救援队伍

由安监部门指导建设的企业应急救援队伍主要有如下类型：

(1) 依托大型石化、石油企业建设国家(区域)危险化学品和油气田应急救援队。由国家支持，政企共同出资，依托现有中

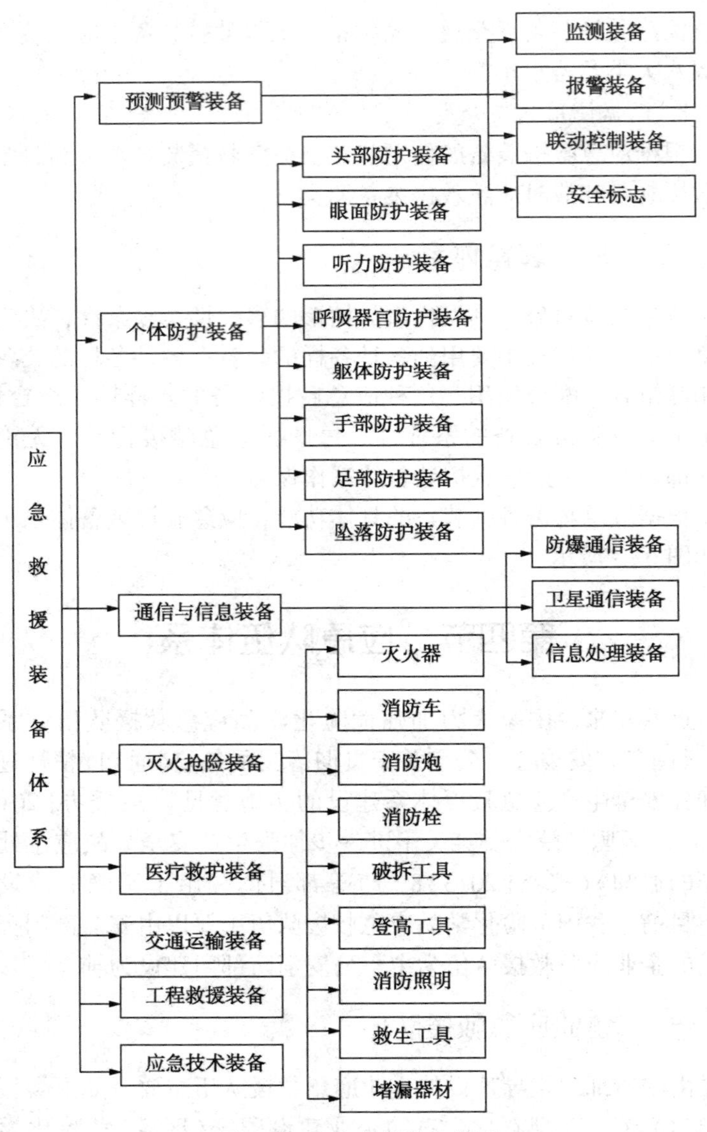

图 6-3　应急救援装备体系

央石化、石油企业的应急救援队，建设国家危险化学品应急救援队、区域危险化学品应急救援队、区域油气田应急救援队和危险化学品应急救援技术咨询中心。这些救援队伍，人员素质高、高精尖装备配备多，战斗能力强，旨在进行大灾大难的抢险救援，目前建设成效显著，已经初具规模，形成很强的战斗力，在许多重大事故中发挥了重要作用。

（2）省级地方骨干危险化学品应急救援队建设。由各省(区、市)要根据本地实际，依托有关石化企业的应急救援队，建设本地区危险化学品应急救援骨干队伍。目前，骨干救援队伍建设在各省的大力支持下，也取得也长足进展。

（3）其他地方和基层危险化学品应急救援队建设。危险化学品企业较多的市(地、州)、县(区、市)、乡(镇)和其他小型危险化学品企业集中的地区和化工园区，要因地制宜，在合理规划、节省资源的基础上，采取企业联合、政企联合或地方有关部门单独出资组建的方式，建立专业危险化学品应急救援队；或依托本行政区域综合应急救援队，充实危险化学品救援装备及人员，以满足危险化学品事故应急救援工作的需要。

（4）由企业自主建设的专、兼职危险化学品应急救援队伍，主要承担本企业的救援任务。《国务院安委会关于进一步加强生产安全事故应急处置工作的通知》(安委〔2013〕8 号)要求，生产经营单位企业必须认真落实安全生产主体责任，严格按照相关法律法规和标准规范要求，建立专兼职救援队伍，做好应急物资储备，完善应急预案和现场处置措施，加强从业人员应急培训，组织开展演练，不断提高应急处置能力。

二、 公安消防化工救援队伍

由公安消防主导的危险化学品救援队伍建设是公安消防队伍特勤队。在辖区有化工企业、化工园区的消防总队、支队、大队等普遍进行了特勤队建设，承担着危险化学品事故的救援任务。

第五节　应急平台体系

安全生产应急平台体系建设是应急管理的一项基础性工作，是安全生产信息化建设的重要抓手，对于建设更加高效的应急救援体系，有效预防和应对事故灾难具有重要意义。为此，《国务院安委会办公室关于贯彻落实国务院〈通知〉精神进一步加强安全生产应急救援体系建设的实施意见》(安委办〔2010〕25 号)、《国家安全监管总局关于进一步加强安全生产应急平台体系建设的意见》(安监总应急〔2012〕114 号)等一系列文件对应急平台建设都提出了具体要求。近年来，按照工作体制统一、系统功能完备、基础设施配套、制度机制健全的原则，紧紧围绕“统一指挥、反应灵敏、协调有序、运转高效”的应急管理机制，以实现互联互通和信息共享为重点，以强化科技支撑为手段，以提高应急管理效率为目的，加强建设统筹、加大投入力度、周密组织实施、严格落实责任，政府、企业不断加强应急平台体系建设，应急平台框架体系初步形成，建设成效不断显现。目前，国家、各省(区、市)应急平台已经建成，总体实现互联互通和信息共享。未来，国家、省(区、市)、市(地)和高危行业中央企业、国家级应急救援队伍的应急平台将全部互联互通和信息共享，与重点县(市、区)、高危行业地方大中型企业的应急平台基本实现互联互通和信息共享。

一、应急平台建设基本要求

(1) 坚持整体筹划。要站在应急平台体系建设的全局上统筹本单位的应急平台建设工作，搞好整体设计，科学配置资源，突出建设重点，确保建设方向明确、上下目标一致、技术标准统一、全面协调推进。

(2) 坚持先进实用。积极学习借鉴应急平台建设的先进理念和成熟经验，充分利用现有建设成果，有重点地引进先进技术装备，运用物联网和云计算等新技术，加大集成创新力度、优化系统综合功能，增强应急平台的实用性、稳定性和可靠性。

（3）坚持综合配套。既要重视应急平台支撑环境、指挥场所、基础设施等硬件建设，更要重视应急平台应用系统、信息资源、制度机制等软件建设，最大限度地发挥应急平台的信息化优势，实现日常业务需要与应急救援需要的有机统一。

（4）坚持互联互通。企业内部上下、相关外部的应急平台要互联互通，实现数据、语音、图像、视频等的交互共享，既能实现资源的共享，提高指挥效率，也会避免重复建设，降低建设、维护成本。

（5）坚持数据准确。应急平台通常都要建设日常业务、应急物资、装备、队伍、重大危险源库、应急预案、地理信息、专家、培训演练等，企业信息库、事故案例库、智能模型库、应急知识库、统计分析库等数据库。应急资源数据的采集，应坚持应用为主、清晰准确、简捷易用，突出数据的时效性、完整性、易用性，应急资源数据的更新应坚持及时、准确、有效的原则，将过时、错误、无用的信息及时删除、更正、补充采集，充分保障数据的时效性、准确性、完整性。要杜绝信息孤岛、维护不及时等造成的数据过时、错误的现象。

（6）坚持安全可靠。高度重视应急平台信息安全，合理区分不同层级、不同行业信息系统的安全防护等级，建立安全防护机制，在网络隔离、信息控制、密码网关、容灾备份等方面综合施策，保证应急平台稳定可靠、安全运行。

二、应急平台体系的综合功能

（1）日常业务融合。要充分发挥应急平台自动化、智能化的作用，将应急平台应用作为处理业务、协调工作、发布信息的常态化工作模式，切实提升工作效率。要注重在应用中改进应急平台系统功能，实现与传统工作方式、文电处理流程、资料归类存档等要求的有机统一。

（2）强化预测预警作用。要充分发挥应急平台的信息集成、辅助决策和监测监控作用，利用专业预测分析模型，及时掌握安全生产突发事件、重大危险源和自然灾害等信息，科学预测其影响范围、危害程度、持续时间和发展趋势，及时发出风险预警信息，提高风险防控能力。企业要以重大危险源防控为重点，加强应急平台数据采集和监测监控工作，认真做好经常性的应急处置准备。

（3）突出应急指挥功能。要切实利用应急平台虚拟仿真技术和信息集成优势，在真实的安全生产事故灾难场景中组织应急救援行动预案演练，不断提高信息化条件下的应急救援指挥能力。要注重把应急平台信息优势转化为应急指挥决策优势，综合运用应急平台视频会议、异地会商、现场侦测、资源管理、辅助决策等功能，快速预警研判、科学组织实施、有效跟踪管理，实现指挥协调与信息管理、救援力量与救援行动的有机衔接，最大限度地减少人员伤亡和财产损失。

第七章 应急能力评价与持续改进

第一节 应急能力评价及其功能

应急能力评价，是从事前、事中、事后对各类突发事件进行全过程考虑，以可能发生的事故灾难为对象，对应急管理体系的各个环节建立科学合理的评价指标体系，采用定性与定量的评价方法，找出应急管理体系中存在的问题与不足，确定综合应急能力等级，并通过查改问题，持续提高应急管理水平和救援能力。通俗而言，就是解决好需要做什么、怎么做、做到什么程度、用什么标准衡量等问题。

在一些发达国家，早在20世纪末就已开展应急能力评价工作，通过量化评价结果"主动"判定应急能力状况，使之应急管理工作更加科学、规范和高效，应急能力大大提高。近些年来，我国在应急能力评价方面也开展了大量研究，取得了很多成果，要想迅速提高安全生产应急管理水平和救援能力，必须坚持科学发展观，借鉴、应用国际先进经验、成果，并不断创新，着力构建符合国情的安全生产应急能力评价体系，提出符合国情的评价方法、标准、工具，为建设可靠、高效、科学、规范的应急体系提供指导，推动我国安全生产应急能力不断提高。

开展安全生产应急能力评价，对提高安全生产应急管理水平和应急能力具有如下突出作用。

1. 杜绝盲目，提高效率

通过应急能力评价，可以准确了解应急预案是否完善、实用；救援人员是否知识全面，技能良好；指挥协调、行动程序是否准确、高效；救援装备是否选型合理、数量足够、操作正确等。在此基础上，对发现的问题进行整改，保证预案适用，指挥正确，行动迅速，装备足够，就会杜绝救援的盲目性，大大提高救援的效率。

2. 动态检测，规范推进

每一次应急能力评价，就是对应急管理系统的一次“全身体检”，这种体检的重要依据是应急法律、法规、标准、规程以及有关基于科学原理的要求，因此，通过应急能力评价，可以动态检测应急组织、预案、队伍、装备、培训等是否合法、达标及合乎要求，推进应急管理向着标准化、规范化、专业化方向发展。

3. 主动应急，有备而战

通过事故救援，发现救援能力的不足，然后再加以改进，是典型的被动应急，严重违背了应急管理的“预防”原则。

要有效应对事故灾难，必须以科学理论为指导，以先进技术为保障。应急能力评价，在事发之前，就针对可能发生的灾难，利用科学的评价方法，对相应的应急管理系统进行全过程、全方位的评价，查改问题，变传统的“被动应急”为“主动应急”，做到了有备而战，战则能胜。

4. 抓住重点，平衡发展

通过评价，可以充分掌握对提高应急能力起主导作用的关键项，找出应对灾难的优势与劣势，从而调整应急管理工作的重点，采取有针对性的措施，强化优势，弥补劣势，促进应急管理的均衡发展、全面推进，持续提高应急管理水平与救援能力。

5. 针对不足，合理分配

应急能力评价，能够查找到系统中存在的种种不足和缺陷，从而为科学合理地进行应急投入提供了切实可靠的依据。

通过上述应急能力评价的作用分析，不难看出，应急能力评价对于应急管理水平与救援能力的提高具有重要的推动作用，是一种原理科学、方法适用的先进技术。它是应急管理的“体检器”、应急能力的“检测仪”。知彼知己，百战不殆。应急能力评价贯穿于应急管理的全过程，做到了知彼——充分把握突发事件的发生、发展及危害；知己——全面了解自身的应急能力状况，为应急管理者做出正确决策提供了重要依据，是成功应对各类突发事件的重要前提与保障。

第二节　国内外应急能力评价研究现状

通过实施国家应急能力评价加强政府的应急能力建设，美国是世界上做得最早，也是最成功的国家。之后，日本、澳大利亚等国家也相继采用，并各有特点。其中美国的评价技术最具代表性。

美国联邦紧急事务管理局(Federal Emergency Management Agency,FEMA)和联邦紧急事务管理委员会(National Emergency Management Association，NEMA)联合开发了应急管理准备能力评估程序(Capability Assessment for Readiness，CAR)。从1997年到2000年，美国全部56个州、地方和海岛都应用该程序完成了应急能力准备状况评估工作。其中13项管理职能分别为：法律与职权、灾害鉴定和风险评估、灾害管理、物资管理、计划、指挥控制协调、通信和预警、行动程序、后勤装备、训练、演习、公众教育信息、财政管理。每个紧急事务管理职能分成若干个属性，每个属性又细分为若干个特征。

评分标准分为4种，分别为3分、2分、1分以及N/A。其分数定义如下：

3分——完全符合；

2分——大致上都符合；

1 分——急需加强、改进；

N/A——不需评估。

将所有的评分取平均值，即可表示此项目的应急能力，并用红色、绿色以及蓝色 3 个区块来表示整个评估结果。红色区块代表 1~1.5 分(需要加强改进)；绿色区块代表 1.5~2.5 分(符合规定)，蓝色区块代表 2.5~3 分(非常完善)。另外各州在此基础上都有自己的能力评估标准，每隔一段时间实施一次评估，并且大都以评价表的形式进行(如佛罗里达州县级应急能力评估表)，目的在于给 CAR 评估组成员提供一定帮助，便于加快评估速度。

美国开发完成 CAR 应急能力评价系统之后，由美国政府强制在各州施行，并在实际应用中不断改进完善，升级体系文件版本(目前最新版本为 2000 年版)。

最新版本的 CAR 评价系统，通过法律法规、风险管理、应急预案、行动程序等 13 项应急管理职能，以及对职能细化出的 104 个属性、458 个特征对应急能力进行评价(表 7-1)，各州将评价结果提交给联邦，联邦通过准确了解各州的应急能力等级及评价中发现的问题与不足，科学安排灾害救助资金，合理调配应急资源，扶弱固强，平衡发展，大大提高了美国的应急管理水平与救援能力。

表 7-1　美国 CAR 评价系统指标

职能	指标		
	突发事件管理职能	属性指标数目	特征指标数目
职能 1	立法与授权	10	28
职能 2	风险识别与风险评价	2	13
职能 3	风险控制	2	17
职能 4	资源管理	8	37
职能 5	应急预案	28	120
职能 6	指挥、控制和协调	5	19

续表

职能	指标		
	突发事件管理职能	属性指标数目	特征指标数目
职能 7	通信和预警	4	23
职能 8	作业与程序	20	73
职能 9	后勤和设施	4	25
职能 10	培训	6	17
职能 11	演练、评价和校正	7	22
职能 12	危机交流、公众教育和信息	3	32
职能 13	财政和管理	5	32
合计		104	458

我国应急管理长期以单项灾害管理为主，使得应急管理体制缺乏整体性和系统性，致使应急管理能力评价的研究也偏重于单项应急管理评价。其中，大多集中在城市灾害的应急能力评价上。近些年来，应急能力评价的研究逐步延伸到安全生产领域。总体而言，由于我国进行应急管理能力评价研究的时间比较短，理论研究尚处于探索阶段，具体评价指标和评价标准的确立方法还不太成熟。下面简介一下笔者对于安全生产应急能力评价的一些研究心得。

第三节 安全生产应急能力评价指标的构建

一、 安全生产应急能力评价指标的设计原则

任何评价指标体系的设计都是基于一定的设计原则之上的。影响安全生产应急能力评价指标体系的设计的因素非常复杂、相互交错。为了全面反映安全生产应急评价能力，评价指标体系的设计遵循以下原则：

1. 依法获取原则

应急能力评价首先应遵循依法评价的原则，即应当以国家的安全生产应急管理法律、法规、部门规章、标准、规程等法律文件为依据，以法律为准绳，对应急管理体系的各项内容进行全面正确的评价，这些法律文件通过转化形成应急能力评价的条款，做到评价有法可依。

应急能力评价依据的法律法规，包括两大类：一类是安全生产应急管理专业类法律法规；另一类是安全生产应急管理相关法律法规。

2. 科学获取原则

目前，我国的安全生产应急管理专业及相关法律法规已经很多，近些年来应急法制建设更是不断加强，法律法规不断出台，但是，总体而言，我国的应急管理法律法规资源依然不足，与纷繁复杂的应急管理实际需求相去甚远，如果完全依照成文法律来进行评价，那么具体的评价工作将是支离破碎，残破不全的，因此，对于一些不能依法评价的内容必须遵循科学的原理，充分发挥专家的力量，进行实事求是、科学严谨的评判，这既是对法律资源不足的有效弥补，也是应急能力评价的客观需要。

3. 系统建设原则

系统性就是要从系统整体的角度出发，运用系统分析的方法原理从各个角度选取合理指标，通过指标的合理取舍和指标权重的设置，使评价指标既能突出重点，又能保持相对的均衡统一，从整体上全面、科学、准确地反映和描述安全生产应急能力。

4. 相对独立原则

在符合系统性原则的前提下，指标体系中的各个指标在同层次上不应具有包含关系，互不重叠，互不取代。

5. 权重原则

现在国内外都认识到了定量评价的重要性，但是，在各国实践中，还都在采用美国的平均取值的方法，这一方法忽视了应急管理不同要素的差异性，弊端尽知，都在试图改进，但采用什么样的权重确定方法，还未见有明确的应用先例。因此，本课题必须对评价要素充分考虑功能和作用的差异性，进行权重处理，才能具有技术的先进性。

6. 实效原则

评价应急能力的目的在于分析当前政府、企业的应急管理能力的现状，有针对性地实施科学管理，提高应急救援能力。因此，评价指标体系应当层次分明、能准确全面表现应急能力的实际状况。评价指标应使用方便、便于统计和量化计算。评价指标必须有良好的可操作性，能保证评价指标值可以准确、快速地获取，以保证评价工作的正常顺利进行。

二、 安全生产应急能力评价指标的构建过程

基于安全生产事故的特点及其应急管理现状，根据安全生产应急能力评价指标体系的设计原则，参考国内外应急能力评价指标的设计模式和内容，从应急管理的全过程出发，构建了能够全面系统的反映安全生产应急能力的评价指标体系，主要包括三个层次：职能层(一级评价指标)、属性层(二级评价指标)和特征层(三级评价指标)。指标构建程序如图 7-1 所示。

1. 一级评价指标——职能

评价指标的选取是否符合要求，将直接影响评价结果的正确性，因此合理地选取评价指标是非常重要的，依据指标体系构建的原则，借鉴国内外应急能力评价体系以及相关的研究成果，经对国外各国情况进行比较研究，结合现代安全管理的一些新成果、新方法，在充分考虑职能评价的系统性、科学性的同时，充分考虑职能评价的实用性、易操作性，对应急管理体系所涉及的应急方针、机构、队伍、预案、装备、通信、监测、预警、指挥、行动、信息发布等方面内容进行了归纳分类，同时充分考虑了 PDCA 管理原理的目标、过程控制、文件控制及持续改进等管

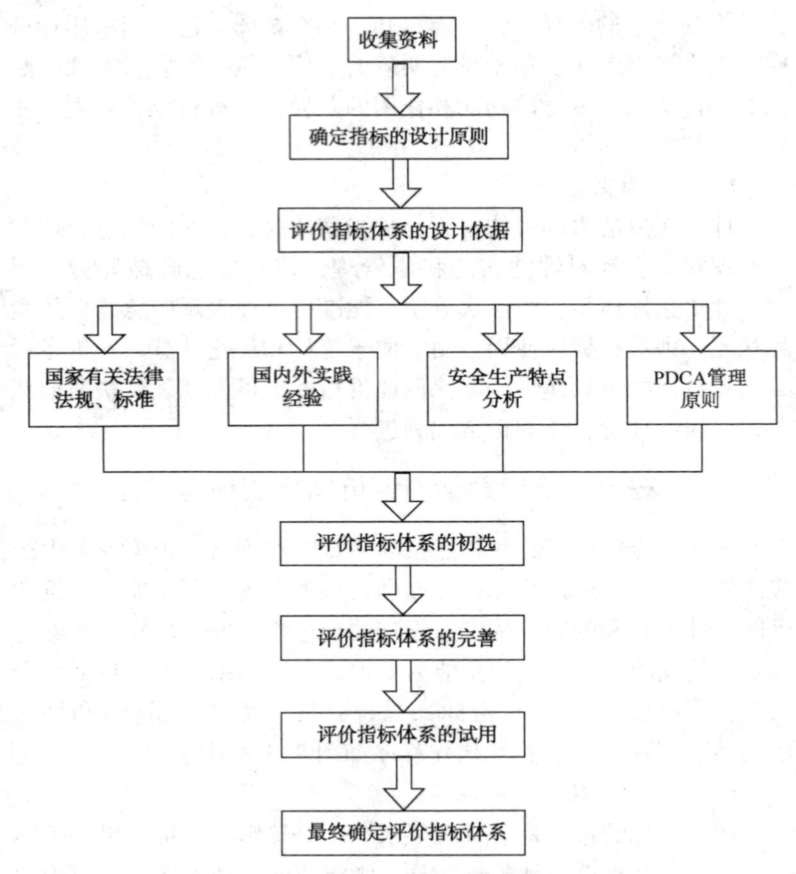

图 7-1　评价指标体系构建程序

理要素，系统设计了 28 个一级评价指标。具体如下：

(1) 应急方针

根据事故种类和风险特征，从生命安全、环境保护、社会稳定、财产损失等方面有针对性地确定应急救援方针。

(2) 应急目标

根据事故类型及风险特征，结合有关法律要求及实际情况，所拟定的应急救援应达到的目的和效果。

（3）应急原则

根据有关法律要求，结合实际情况，确定应急救援应遵循的原则。

（4）救援任务

根据各种事故类型及其演变规律，所确定的具体的应急救援任务。

（5）法律规范

应急管理所适用的相关法律法规。

（6）危害识别和风险评估

系统识别生产设备、工艺、人员、地质、气象等方面存在的可能导致事故发生的各种危害因素，并对这些危害进行风险评估。

（7）风险管理

针对各种风险所应采取的管理措施。

（8）应急预案

从事故预案编制的组织、程序、内容及评审等方面进行系统评估。

（9）指挥与协调

满足现场指挥与协调的成立指挥部、人员构成、人员素质、资源调集等要求与程序。

（10）组织机构保障

依法、有序、高效开展应急管理和现场救援所必需的管理部门、指挥部、队伍等应急组织机构。

（11）人力资源保障

依法、有序、高效开展应急管理和现场救援所必需的指挥员、专、兼职救援队伍、专家、志愿者等各种人力资源的配备要求。

（12）技术支持保障

满足科学、准确开展现场救援所需要的技术支持。

(13) 通信与信息保障

满足应急救援所需要的通信、信息硬件的配置及所应具有的功能。

(14) 物资保障

根据应急救援任务和目标所需的应急物资的种类、数量及其储备、调用等。

(15) 装备保障

根据应急救援任务和目标所需的应急装备的种类、数量、使用与保养等。

(16) 医疗保障

为实现迅速进行伤员救治、转移目的所需的医疗设备、人员和技能。

(17) 治安保障

维护现场秩序，避免出现混乱、导致事故恶化，救援效率降低的保障措施。

(18) 交通运输保障

应急救援物资运输、人员转送等所需的交通运输设备与实施程序。

(19) 经费保障(财务管理)

为事故防范以及保障应急救援迅速、持续进行的经费的筹备渠道与操作程序。

(20) 监测与预警

为防范事故发生、恶化升级而进行监测与预警所需的设备、技术及实施程序。

(21) 行动和程序

系统性地建立事故应急各方的行动内容和具体的操作程序。

(22) 恢复与重建

事故灾难的威胁和危害得到控制或者消除后，进行恢复与重建的内容和程序。

(23) 信息发布

为维护社会秩序而进行信息发布的内容、时间、要求与程序。

(24) 培训与训练

对有关应急人员所进行知识培训、技能培训、资格培训的内容与程序。

(25) 应急演练

预案演练的形式、内容、策划、实施与评估。

(26) 法律责任

未能依法尽职尽责进行应急救援造成不良后果所应承担的法律责任。

(27) 文件控制

应急管理工作中要求的所有文件和资料的建立和运行控制。

(28) 持续改进

持续改进的内容与实施。

2. 二级评价指标——属性

属性是对每项职能的细化，条款很多，此处略去。

3. 三级评价指标——特征

特征是对每项属性的细化，条款更多，此处略去。

第四节 评价指标权重的确定

由于每个评价指标的功能不同，其在应急救援体系中的作用也不尽相同，因此，在应急评价指标体系建立以后，还应确定每个指标在整个评价体系中所占的比重，即权重值。科学确定评价指标权重，对于评价结果的科学性、准确性具有举足轻重的作用。

目前，确定指标权重的方法基本上可以归为主观赋权法和客观赋权法两大类。主观赋权法是由决策分析者对各属性的主观重视程度而进行评价后赋权，通常采用向专家征集意见的方法。主要有 Delphi 法、层次分析法等，它体现了决策者的意向，但同时也具有较大的主观随意性。客观赋权法是指单纯利用属性的客观信息而计算确定相应的权重的方法，主要有变异系数法、离差最大化法等。客观法虽然具有较强的数学理论依据，但没有考虑到决策者的主观意愿，且有时得出的结果会与各属性的实际重要程度相悖，难以给出明确的解释。

两种赋权法各有优缺点。在实际应用中，可根据具体情况选择不同的权重确定方法。现行应急能力指标权重确定方法通常采用主观赋权法，由于专家对指标重要程度的估价主要来源于研究经验和客观实际，其看法的形成往往与所处的客观环境有着直接的联系，因此从某种程度上看，主观赋权法也具有一定的客观性。

一、 职能权重的确定

对职能通过层次分析法（Analytical Hierarchy Process，简称 AHP 法）进行权重确定。层次分析法由美国运筹学家 T. L. Saaty 于 20 世纪 70 年代中期提出，该法是对非定量事件做定量分析的一种有效方法。特别是在目标因素结构复杂且缺少必要数据的情况下，需要将决策者的经验判断定量化时，该法非常实用。其基本步骤如下：

（1）建立层次结构

通常的模型最简单的结构有顶、中、底 3 层，顶层通常是决策的目标和目的，是唯一的，底层是可供选择的不同方案，中层是分析评价影响方案好坏的因素。

（2）构造判断矩阵

从层次结构的方案层开始，将隶属于同一指标之间的相对重要性进行比较，形成判断矩阵。一般的，隶属于指标 A_i 的指标 B_j（j=1，2，⋯，m），其判断矩阵为一个 m 维方阵，如表 7-2 所示。

表 7-2 判断矩阵的一般形式

A	B_1	B_2	…	B_m
B_1	b_{11}	b_{12}	…	b_{1m}
B_2	b_{21}	b_{22}	…	b_{2m}
⋮	⋮	⋮	⋮	⋮
B_m	b_{m1}	b_{m2}	…	b_{mm}

表 7-2 中 b_{ij}表示在隶属于 A_i的诸指标中，指标 i 与指标 j 相比，对于指标 j 的相对重要性程度，一般采用 Saaty 提出的 1~9 比率标度法，如表 7-3 所示。

表 7-3 判断矩阵标度及其含义

标度	含义	标度	含义
1	B_i和 B_j相比较，B_i和 B_j同等重要	9	B_i和 B_j相比较，B_i比 B_j极端重要
3	B_i和 B_j相比较，B_i比 B_j稍微重要	倒数	B_i和 B_j相比较，$B_{ji}=1/B_{ij}$(与上述说明相反
5	B_i和 B_j相比较，B_i比 B_j明显重要	2，4，6，8	重要程度介于上述奇数之间
7	B_i和 B_j相比较，B_i比 B_j强烈重要		

判断矩阵的赋值主要采用 DELPHI 法(德尔菲法)：

① 首先组成专家小组，按照应急能力评价对象的规模和行业特征，确定多名行业专家。通过 E-mail 或现场问卷的方式与各位专家取得直接联系。

② 向所有专家提出矩阵赋值的有关要求及判断矩阵标度表，并附上有关应急能力评价对象的背景材料，同时请专家提出还需

要什么材料。然后，由专家做书面答复。

③ 各个专家根据他们所收到的材料，提出自己的赋值意见，并说明自己是怎样利用这些材料并提出赋值的。

④ 将各位专家第一次判断意见汇总，列成图表，进行对比，再分发给各位专家，让专家比较自己同他人的不同意见，修改自己的意见和判断。也可以把各位专家的意见加以整理，或请身份更高的其他专家加以评论，然后把这些意见再分送给各位专家，以便他们参考后修改自己的意见。

⑤ 将所有专家的修改意见收集起来，汇总，再次分发给各位专家，以便做第二次修改。收集意见和信息反馈一般要经过三、四轮。这一过程重复进行，直到每一个专家不再改变自己的意见为止。

⑥ 对专家的意见进行综合处理，得出最终的权重判断矩阵。

(3) 求解特征值和特征向量

以上判断矩阵 $A=(a_{ij})$ 具有如下特征：

$$a_{ij}=1/a_{ji}(i, j=1, 2, \cdots, n), a_{ij}>0, a_{ii}=1$$

$$a_{ij}=\frac{a_{ik}}{a_{jk}} \quad (k=1, 2, \cdots, n)$$

根据正矩阵理论，该矩阵具有最大特征值 λ_{max}，其他特征值为 0。在 AHP 法中计算判断矩阵的最大特征值与特征向量并不需要很高的精度，故用近似计算即可。常用的方法有“乘幂法”“方根法”“和积法”三种方法。此处采用方根法。

① 计算判断矩阵每一行的乘积 M：

$$M_i=b_{i1}\cdot b_{i2}\cdots\cdots b_{in} \quad (i=1, 2, \cdots, n)$$

② 计算 Mi 的 n 次方根 $\overline{W}$：

$$\overline{W}_i=\sqrt[n]{M_i}$$

③ 将方根向量归一化：

$$W_i = \frac{\overline{W}_i}{\sum_{i=1}^{n} \overline{W}_i}$$

得近似特征向量 $W=(W_1, W_2, \cdots, W_n)^T$，即为排序权向量。

④ 计算判断矩阵最大特征值 λ_{max}：

$$\lambda_{max} = \sum_{i=1}^{n} \frac{(AW)_i}{nW_i}$$

式中 $(AW)_i$——向量 AW 的第 i 个元素。

（4）一致性检验

由于客观事物的复杂性以及评价人员认识的多样性，人们在对大量因素进行两两比较时，可能会产生一些不一致的结论。为保证得到的权重合理，通常要对每一个判断矩阵进行一致性检验，以观察其是否具有满意的一致性。否则，应修改判断矩阵，直到满足一致性要求为止。计算公式如下：

$$CR = \frac{\lambda_{max} - n}{(n-1)RI} < 0.1$$

式中 RI——平均随机一致性指标，其值如表 7-4 所示。

表 7-4 随机一致性指标 *RI* 值

维数 n	1	2	3	4	5	6	7	8	9	10	11	12	13	14	15
RI	0.00	0.00	0.58	0.90	1.12	1.24	1.32	1.41	1.45	1.49	1.52	1.54	1.56	1.58	1.59

当 $\lambda_{max}=n$ 时，则 $CR=0$，为完全一致；CR 值越大，判断矩阵的完全一致性越差。一般只要 $CR \leq 0.1$，判断矩阵的一致性就可接受，否则需要重新进行两两比较。

随着判断矩阵维数 n 的增大，判断的一致性将越差。考虑到 n 的影响，引入随机平均一致性指标 RI 作为修正值，用更合理的随机一致性指标 CR 来衡量判断矩阵的一致性。

二、 应急能力评价指标分级赋值

1. 评价体系得分计算

职能、属性的得分分别由其下级的属性、特征所得分的平均值来得到。评价体系得分由职能得分进行加权计算得出。

2. 属性、特征指标的赋值

对于评价属性、特征，其赋值分别根据其实有情况和衡量标准从0~4进行赋值，对于不适项进行免评，采用英文字母N表示。具体每个分值的获得标准规定如下。

4——完全有能力。全部能力已经达到，只需保持即可。

3——非常有能力。高层次的能力已经具备，实现全部的能力只需有限的努力即可。

2——较有能力。基本的能力已经具备，但实现全部的能力需很大努力才能达到。

1——稍有能力。有些已经取得了进展，但实现全部的能力需要极大的努力。

0——没能力。工作没有开展，或虽做了工作，但成效甚微。

N——不适合(免评项)。

3. 应急能力指数的确定

对于应急管理能力、应急救援能力的评价结果，都可以用应急能力指数来进行量化判定，得出定性结论。

第五节　应急能力评价与应用

一、 应急能力评价流程

应急能力评价具体评价操作，先成立评价专家组，然后，根据评价对象的情况确定评价方案，评价方案确定后，进行法律法规搜集，职能、属性、特征制定等相关准备工作，同时进行现场调研，对相关准备工作进行完善，一切准备就绪，便可开展应急评价。应急评价初评报告完成后，进行内部审核，修改完善，提交评审稿，组织专家评审，根据专家意见进行补充完善，形成初稿。业主根据应急能力评价报告，进行工作改进，然后可再次按上述流程组织评价，确定自己改进后的应急能力状况。评价流程如图 7-2 所示。

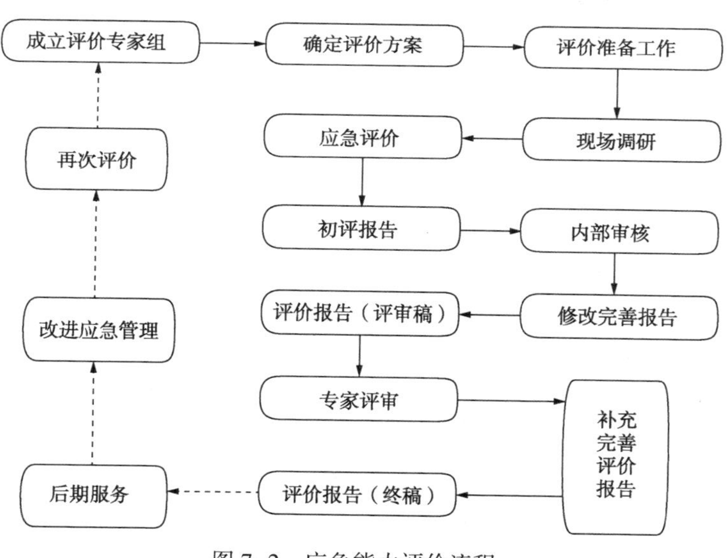

图 7-2　应急能力评价流程

二、 应急能力评价适用对象

1. 生产经营活动

包括危险化学品生产经营、工程建设等。

2. 交通运输

包括道路交通、铁路交通、水上交通、民用航空。

3. 专业应急救援队伍

包括国家应急救援队、骨干救援队、兼职救援队等应急救援队伍。

4. 大型活动

主要是大型群体性活动。

5. 整个系统、子系统或单一要素

既可以对整个系统进行应急能力评价，也可以对子系统及其系统中的单一要素进行评价。

参考文献

[1] 闪淳昌．切实加强应急预案体系建设[J]．现代职业安全，2007.

[2] 樊运晓．应急救援预案编制实务[M]．北京：化学工业出版社，2006.

[3] 陈海群，王凯全，等．危险化学品事故处理与应急预案[M]．北京：中国石化出版社，2005.

[4] 薛谰，张强，钟开斌．危机管理[M]．北京：清华大学出版社，2003.

[5] [美]罗伯特·希斯．危机管理[M]．王成，译．北京：中信出版社，2001.

[6] 王自齐，赵金垣．化学事故与应急救援[M]．北京：化学工业出版社，1997.

[7] 吴宗之，刘茂．重大事故应急救援系统及预案导论[M]．北京：冶金工业出版社，2003.

[8] 陈宝智．安全原理[M]．第2版．北京：冶金工业出版社，2002.

[9] 吴宗之，高进东．重大危险源辨识与控制[M]．北京：冶金工业出版社，2001.

[10] 刘铁民．重大事故应急体系建设[J]．劳动保护，2004.

[11] 赵正宏．城市化学灾害事故与应急救援体系[J]．现代职业安全，2003.

[12] 刘功智，刘铁民．重大事故应急救援预案编制指南[J]．劳动保护，2004.

[13] 唐黎标．美国灾害紧急救援管理的主要特点[J]．劳动保护，2004.

[14] 李志宪，周心权．企业事故应急处理预案编制指南[J]．劳动保护，2002.

[15] 曹文春．从应急到预防——美国突发事件管理理念的演化[J]．北京工业经济，2003.

[16] 张显东，沈荣芳．澳大利亚城市灾害应急反应规划研究[J]．灾害学，1996.

[17] 丁辉．论突发事件与应急机制[J]．安全，2003增刊．

[18] 杨文芬．应急防护系统模式研究[J]．中国个体防护装备，2003.

[19] 科华．美国的国家应急系统[J]．科技经济透视，2003.

[20] 宋云，王洁．美国化学品应急响应系统及其经验探讨[J]．环境保护，2003.

[21] 李海文．美国联邦应急管理署集成救灾体系对我国灾害防救工作的启迪[J]．安全、健康和环境，2003.
[22] 江乃兵．突发事件应急机制初探[J]．行政与法，2003.
[23] 陈葆春．突发性公共卫生事件的预警及应急体系[J]．决策咨询，2003.
[24] 张世奇．城市灾害应急管理与资源整合[J]．城市与减灾，2003.
[25] 苏华，王斌．美国的公共卫生应急机制[J]．政策与管理，2003.
[26] 迟宏波．应急救援，你们准备好了吗[J]．现代职业安全，2003.
[27] 赵正宏．注册安全工程师应考必备与技巧[M]．北京，石油工业出版社，2005.
[28] 赵正宏．危险化学品安全生产基础知识[M]．北京：气象出版社，2006.
[29] 国家安全生产监督管理总局．安全生产法律知识读本[M]．北京：法律出版社，2006.
[30] 赵正宏．安全生产“五要素”的理论与实践[M]．北京：中国农业出版社，2006.
[31] 陈安，陈宁，倪慧荟，等．现代应急管理理论与方法[M]．北京：科学出版社，2009.
[32] 邓云峰．重大事故——应急演习策划与组织实施．劳动保护(4)：19-25，2004.
[33] 冯艳丽．重大突发事件与一国的国际竞争力[J]．经济师，2004(1)：95.
[34] 刘建，郑双忠，邓云峰，等．基于G1法的应急能力评估指标权重的确定[J]．中国安全科学学报，2006，16(1)：30-33.
[35] 赵正宏．应急救援基础知识[M]．北京：中国石化出版社，2008.
[36] 赵正宏．开展应急能力评价建立应急管理长效机制[J]．化工安全与环境，2010(39)：21-22.
[37] 赵正宏．泄漏事故频发，化工带压堵漏行业肩负重任[J]．中国化工信息，2011(46).
[38] 赵正宏．运用信息化推动石油化工应急救援高效化[J]．化工安全与环境，2012(35)：16-17.
[39] 赵正宏．德国化工园区应急管理借鉴[J]．劳动保护，2016.
[40] 赵正宏．提高预案质量，保障高效实施[J]．劳动保护，2016.

[41] 赵正宏．危化品事故救援的原则程序方法[J]．现代职业安全，2016.
[42] 赵正宏．企业应急预案质量低下的成因分析与提升对策[J]．现代职业安全，2016.
[43] 赵正宏．如何提高安全生产专项整治成效[J]．劳动保护，2017.
[44] 赵正宏．采取针对性措施，做到“七个到位”[J]．中国安全生产报，2017，6(21).